Mein Hund beim Tierarzt

Mein Hund beim Tierarzt

Trainingstipps für stressfreie Tierarztbesuche

von Daniela Hofer

CADMOS

Gestaltung und Satz: Ravenstein + Partner, Verden
Lektorat: Dr. Gabriele Lehari
Fotos: Elisabeth Gerig
Druck: Landesverlag, Linz

Printed in Austria

ISBN 3-86127-744-1

Inhalt

Einführung

Für einen Hund ist der Stress beim Tierarzt enorm hoch. Unzählige Gerüche, fremde Hunde, andere Tierarten, fremde Menschen, der Tierarzt und die oft unangenehme Behandlung sind die Ursache dafür. Aber auch für den Hundehalter ist es oft eine Tortur, mit dem Hund die Praxis aufzusuchen: die Angst vor einer schlimmen Diagnose oder das Schamgefühl, der Hund könnte sich vielleicht auf dem Tisch schwierig gebärden oder sich im Wartezimmer daneben benehmen. Dazu kommt, dass der Hund eventuell eine schmerzhafte oder unangenehme Behandlung über sich ergehen lassen muss. All das führt dazu, dass der Besitzer oft mit einer sehr negativen Erwartungshaltung in die Praxis geht. Seine Unruhe und Angst übertragen sich zusätzlich auf den Hund.

Doch das muss nicht sein. Tierarztsituationen kann man üben. Das Einzige, was man dazu braucht, ist ein wenig Zeit. Das Üben macht beiden Spaß, fördert die Mensch-Hund-Beziehung und man wächst mit jedem kleinen Erfolg, den man im Training sehen kann.

Das Buch gibt dem Hundebesitzer Anregungen und bietet Trainingsmöglichkeiten, die einen Tierarztbesuch in Zukunft stressfreier machen. Aber auch andere Übungen für die tägliche Pflege wie das Baden und Bürsten des Hundes werden beschrieben. Zusätzlich bekommt der Hundehalter Tipps, wie er seinen Hund beim Tierarzt auf die richtige Art und Weise unterstützen kann, ohne dabei Gefahr zu laufen die Angst des Hundes durch unbewusstes Loben zu verstärken. Gute Tricks erleichtern die Gabe von Medikamenten.

Dieses Buch ist für jeden Hundehalter gedacht, ganz gleich ob er gerade einen Welpen oder Junghund besitzt, dem er das Erforderliche noch beibringen möchte, oder einen Hund hat, der Problemverhalten bei der Behandlung oder Körperpflege zeigt. Durch einen gut handelbaren Hund wird für alle Beteiligten die Behandlung und Pflege erleichtert und keiner muss dabei Stress empfinden.

Durch meinen Beruf als Tierarzthelferin und meine jetzt hauptberuflich geführten Hundeschule habe ich täglich mit Hunden und deren Besitzern zu tun. Bei der tierärztlichen Behandlung muss man sich dem Hund häufig in einer für ihn bedrohlichen Körperhaltung nähern, seine Individualdistanz ganz klar unterschreiten und Teile seines Körpers für eine Zeit lang fest fixieren. Die meisten Hunde tolerieren diese Art der Manipulation nicht, weil sie es nicht gelernt haben. Das ist aber erforderlich, da es nicht in der Natur des Hundes liegt, auf diese Art und Weise manipuliert zu werden. Für den Hund stellt es schlichtweg eine bedrohliche Situation dar, insbesondere dann, wenn er von einer für ihn fremden Person behandelt wird. Es kommt nicht selten vor, dass man den Hundehalter während der Behandlung hinausschicken muss, weil er durch seine eigene Angst das Verhalten des Hundes so beeinflusst und verstärkt, was eine Behandlung oft unmöglich macht. Leider gibt es auch relativ viele Hunde, die sich sogar von ihren eigenen Besitzern nicht behandeln lassen und diese anknurren oder sogar beißen.

Allein schon beim Versuch den Hund zu bürsten, gibt es zwischen Besitzer und Hund oft körperliche Auseinandersetzungen. Die meisten Besitzer verharmlosen häufig Aggressionen ihres Hundes. Jeder findet eine andere logische Erklärung für das Verhalten seines Hundes. Nur wenige kommen auf die Idee, dass diese Prozedur für den Hund eine bedrohliche Situation darstellen kann und er sich nun einmal nur verhalten kann wie ihn und keine menschliche Nächstenliebe oder Dankbarkeit kennt. Dazu kommt, dass man ja der Besitzer des Hundes ist und ein gewisses Vertrauen voraussetzt. Der Besitzer ist sich oft nicht klar darüber, dass man ein Vertrauensverhältnis und eine Bindung zum Hund aufbauen und erarbeiten muss. Das Resultat sind

Hundebesitzer, die nicht gerne eine Tierarztpraxis aufsuchen, oft sogar mit einem erkrankten Hund viel zu lange warten, bevor sie zum Tierarzt gehen, aus Angst der Besuch könnte wieder einmal unangenehm werden.

Oft ist das aggressive Verhalten, das der Hund bei der Körperpflege oder der Behandlung zeigt, auch schlichtweg ein erlerntes Verhalten. Der Hund erreicht mit seiner aggressiven Reaktion, dass man ihn in Frieden lässt. Aggressives Verhalten dient in der Natur dazu, sich eine räumliche Distanz zu einer bedrohlichen Situation zu verschaffen. Dazu kommt, dass jedes Verhalten, das dem Hund einen Erfolg bringt, öfter gezeigt wird. Das Ergebnis liegt auf der Hand: Der Hund wird immer öfter aggressives Verhalten zeigen, um in Ruhe gelassen zu werden.

Aber nicht nur beim Tierarzt, sondern auch im Alltag ist es wichtig, dass der Hund sich vernünftig und ohne Angst behandeln und pflegen lässt, wenn er beispielsweise in einen Unfall verwickelt wurde und Sie Erste-Hilfe-Maßnahmen vornehmen müssen oder er gebissen wurde und Sie ihn auf Verletzungen untersuchen wollen. Bei langhaarigen Rassen ist das Bürsten unerlässlich. Während der nassen Jahreszeit ist es für die Sauberkeit der Wohnung und eventuell der Möbelstücke, auf die sich der Hund zurückziehen darf, gut, wenn er sich die Pfoten und den Bauch abtrocknen lässt. Unzählige Hunde wälzen sich gerne und das meistens in übel riechendem Unrat, was dann das Baden erforderlich macht. Von Zeit zu Zeit ist es auch bei sich nicht wälzenden Hunden notwendig, ein Bad zu nehmen.

Es kommt auch fast in jedem Hundeleben vor, dass Sie dem Hund Medikamente verabreichen müssen. Solange es sich hier nur um Tabletten handelt, kann man sich mit Schmierwurst weiterhelfen. Was ist aber, wenn Sie Ohren- oder Augentropfen verabreichen müssen?

Bei einer Diabetes beispielsweise muss man dem Hund Injektionen setzen. Es gibt Medikamente in flüssiger Form, die dem Hund oral (in das Maul) eingegeben werden müssen, andere (wie Zäpfchen) müssen rektal eingeführt werden und so weiter.

Es ist einfach sinnvoll und erleichtert das Miteinander, wenn der Hund lernt sich pflegen und behandeln zu lassen. Im Folgenden erhalten Sie Trainingsideen und Tipps, wie Sie dem Hund das Erforderliche beibringen können, ohne das Vertrauensverhältnis negativ zu beeinflussen. Regelmäßiges, richtiges Üben festigt die Mensch-Hund-Beziehung. Tierarztbesuche werden für Sie und den Hund nicht mehr zum Albtraum, sondern können entspannt und mit einem Erfolgserlebnis gemeistert werden.

Was ist Handlingtraining?

Es ist unerlässlich, dass der Hund lernt sich überall anfassen zu lassen und dass man Teile seines Körpers für eine Zeit fest fixieren darf. Bei diesem Training ist es egal, ob es sich um einen Welpen oder einen ausgewachsenen Hund handelt. Einzige Ausnahme ist ein Hund, der schlechte

Erfahrungen mit Menschen oder mit dem Anfassen gemacht hat. Bei diesen Hunden ist es ratsam, mit einem erfahrenen Hundetrainer oder Verhaltenstherapeuten zu arbeiten, um zu vermeiden, dass man vom Hund ernsthaft verletzt wird oder das Verhalten des Hundes durch falsches Training noch zusätzlich verschlimmert.

Das Handling muss geübt werden, da es nicht in der Natur des Hundes liegt, sich überall anfassen zu lassen. Im Gegenteil – bei all diesen Maßnahmen unterschreiten wir deutlich die Individualdistanz zum Hund und meistens verwenden wir dabei eine Körpersprache, die der Hund als Bedrohung empfindet. Es gibt nicht viel, was Sie beim Handlingtraining falsch machen können, aber zu schnelles Vorgehen bei den einzelnen Trainingsschritten kann Ihnen viel Arbeit zunichte machen.

Beim Handlingtraining wird in ganz kleinen Schritten gearbeitet und man geht langsam voran. Der Hund bestimmt durch ruhiges, entspanntes Verhalten, wann es zum nächsten Schritt übergeht. Folgendes sollte für einen handelbaren Hund kein Problem darstellen:

- sich hochheben lassen
- sich baden lassen
- ruhig auf einem Tisch sitzen oder stehen (beim Tierarzt)
- sich auf die Seite legen lassen
- sich bürsten lassen
- Schnauze umfassen (Schnauzengriff)
- in die Ohren schauen, Ohren reinigen
- Schwanz anfassen, hochhalten, festhalten, Fieber messen
- Augen berühren, in die Augen schauen, Tropfen oder Salbe in die Augen geben lassen
- in das Maul schauen, Zähne berühren, Maul aufhalten, Zähne putzen lassen
- Halskrause tragen
- Medikamente eingeben lassen
- sich Zecken entfernen lassen
- Pfotenhandling, Pfotenverband anlegen lassen
- Krallen kürzen
- Tolerieren bedrohlicher Körpersprache des Menschen
- einen Maulkorb tragen
- bestimmte Körperstellen für eine Zeit lang mit dem Blick fixieren

Grundübungen

Vor jeder Übung

Vor dem Üben legen Sie sich viele schmackhafte Leckerchen bereit. Es darf sich dabei ruhig um Fleischwurst, Schmierwurst, Schmierkäse oder Käsestücke handeln. Sehr hoch im Kurs beim Hund stehen Katzenleckerchen. Sie sind meist weich und haben einen intensiven Geruch, der bei den Hunden gut ankommt. Auch Nassfutter steht auf der Liste ganz oben, besonders dann, wenn es der Hund nur selten bekommt. Für einige Übungen erleichtern Sie sich das Üben mit so genannten Squeeze-Tuben. Hierbei handelt es sich um Lebensmitteltuben aus dem Outdoorbedarf, die

Sie selber befüllen können. In diese Tuben können Sie alles füllen, was sich quetschen lässt, wie Schmierwurst, Schmierkäse, Nassfutter, Erdnussbutter, Honig, Quark, Jogurt und vieles mehr. Manche Lebensmittel lassen sich allerdings nur sehr schwer aus der Tube herausdrücken. Diese können Sie einfach mit Wasser, Fleisch- oder Gemüsebrühe verdünnen, dann funktioniert das besser. Wenn Sie dem Hund diese gefüllte Tube vorhalten und langsam darauf drücken, kann der Hund ununterbrochen an der Tube naschen. So können Sie den Hund ohne Unterbrechung füttern, was bei einigen Übungen einen entscheidenden Vorteil bringt. Die Tuben haben einen Schnullercharakter, so dass sich der Hund festnuckeln kann. Achten Sie darauf, dass der Hund nicht satt ist, wenn Sie üben wollen, denn sonst ist es schwer, ihn mit Leckerchen zu motivieren.

Wählen Sie einen ruhigen Ort mit möglichst wenig Ablenkung. Je nach Übung benötigen Sie einen bestimmten Platz wie zum Beispiel das Badezimmer. Sie selber sollten es nicht eilig haben oder unter Druck stehen. Üben Sie zu Beginn immer in einer angenehmen, entspannten Atmosphäre. Üben Sie häufig, aber nie zu lange und hören Sie auf, wenn es besonders gut geklappt hat. Mehrmals täglich fünf bis zehn Minuten sind völlig ausreichend.

Für die meisten in diesem Buch vorkommenden Übungen sollte der Hund Sitz, Platz und Steh beherrschen. Falls Ihr Hund diese Übungen noch gar nicht oder nicht perfekt kann, wird im Folgenden erklärt, wie Sie die Übungen verlässlich aufbauen.

Grundübung „Sitz"

Nehmen Sie ein Leckerchen in die rechte Hand und halten es dem Hund direkt vor die Nase. Passen Sie dabei aber auf, dass er es Ihnen nicht wegschnappt. Jetzt führen Sie das Leckerchen über der Nase nach hinten Richtung Rücken. Der Hund wird dem Leckerchen folgen, und weil es für ihn bequemer ist sich dabei hinzusetzen, tut er das in der Regel auch. Genau in dem Moment, wenn das Hinterteil des Hundes den Boden berührt, geben Sie das Hörzeichen „Sitz“ und gleichzeitig die Belohnung. Wenn Sie das Hörzeichen geben, bevor der Hund sich hingesetzt hat, kann es sein, dass er das Hörzeichen nicht mit seiner Handlung verknüpft und in Zukunft kein verlässliches Sitz zeigt.

Wenn der Hund beim Locken mit dem Leckerchen rückwärts geht, um dieses zu bekommen, und sich nicht hinsetzt, üben Sie einfach vor einer Wand oder Ähnlichem, so dass er nicht nach hinten ausweichen kann. Achten Sie dann aber darauf, dass der Hund sich nicht beengt fühlt.

Wenn die Übung gut klappt, können Sie dazu übergehen, den Hund einen Moment sitzen zu lassen, bevor Sie das Leckerchen geben. So lernt er länger in der Sitzposition zu verharren. Nach einigen Übungen sollten Sie damit anfangen, kein Leckerchen mehr in der Hand zu halten und den Hund nur noch durch Ihre Handbewegung zu locken, ihn aber danach mit einem Leckerchen, das Sie erst aus der Tasche holen, wenn der Hund sitzt, belohnen. Wieder einen Übungsschritt weiter beginnen Sie nur noch jedes zweite Sitz zu

Sylke zeigt Joey, dass sie ein Leckerchen in der Hand hält.

Sylke zieht das Leckerchen über Joeys Kopf hinweg nach hinten. Joey folgt dem Leckerchen …

… und setzt sich hin, weil es so für ihn bequemer ist. In diesem Moment gibt Sylke das Hörzeichen „Sitz" und das Leckerchen.

belohnen, dann jedes dritte und so weiter. Gehen Sie aber sehr bald von diesem Schema ab und fangen an sporadisch zu belohnen, damit der Hund das Schema nicht durchschaut.

Nach einiger Zeit können Sie schon mal den ersten Versuch machen, das Hörzeichen zu benutzen und abzuwarten, ob sich der Hund daraufhin hinsetzt. Klappt das noch nicht, wiederholen Sie das Hörzeichen nicht, denn dann würde der Hund lernen, sich auf Ihr erstes Signal hin nicht hinzusetzen. Gehen Sie einen Schritt zurück und arbeiten noch einige Tage an der vorherigen Übung. Später bauen Sie Ablenkungen in Ihre Übungen ein, damit der Hund lernt, das Hörzeichen immer auszuführen, egal was um ihn herum passiert.

Grundübung „Platz"

Nehmen Sie ein Leckerchen in die rechte Hand und halten es dem Hund direkt vor die Nase, passen Sie dabei aber auf, dass er ihnen das Leckerchen nicht wegschnappt. Jetzt führen Sie das Leckerchen vor der Brust des Hundes nach unten, sodass der Hund dem Leckerchen folgt. Wenn Sie mit der Hand auf dem Boden angekommen sind, ziehen Sie die Hand langsam nach vorn und verdecken das Leckerchen hierbei mit Ihrer ganzen Handfläche. Wenn der Hund sich hingelegt hat, geben Sie umgehend das Hörzeichen „Platz" und nehmen die Hand über dem Leckerchen weg, so kann der Hund seine Belohnung nehmen.

Sylke hält das Leckerchen vor Joeys Nase …

… und führt es von dort in einer geraden Linie vor der Brust nach unten zwischen die Vorderpfoten.

Sobald sich Joey hingelegt hat, gibt Sylke das Hörzeichen „Platz“ und Joey bekommt seine Belohnung.

Auch hier gilt: Erst das gewünschte Verhalten abwarten und dann das Hörzeichen geben, damit der Hund sein Verhalten mit dem Hörzeichen verbindet.

Besonders bei kleinen Hunden ist das Locken auf die beschriebene Art nicht ganz einfach, da nicht viel Platz zwischen Boden und Hund bleibt. Hier kann man noch einen anderen Trick verwenden. Knien Sie sich auf den Boden und strecken ein Bein nach vorn, sodass zwischen Ihrem Bein und dem Boden ein freier Zwischenraum entsteht. Bequem und kippsicher ist es, wenn man sich mit dem eigenen Po auf die Ferse setzt. Nun locken Sie den Hund mit einem Leckerchen unter Ihrem gestreckten Bein durch. Da der Zwischenraum nicht groß genug ist, um

Brigitte hat sich bequem und kippsicher hingekniet. Sie lockt Kiara durch den Zwischenraum von Bein und Boden. Das Bein dient bei dieser Übung als Hilfsmittel und wird vom Hund damit verknüpft. Beim Training muss die Beinhilfe nach und nach abgebaut werden.

aufrecht darunter durch zu laufen, muss der Hund sich hinlegen, um zu kriechen. Sobald er sich hingelegt hat, stoppen Sie Ihre Handbewegung, damit der Hund liegen bleibt. Geben Sie das Hörzeichen „Platz“ und die Belohnung.

Wenn das gut klappt, bauen Sie die Übung wie beim Hörzeichen Sitz beschrieben weiter auf. Lassen Sie den Hund einen Moment liegen, bevor Sie das Leckerchen geben, später bauen Sie Ablenkungen ein und so weiter.

Joey befindet sich in der Platzposition. Sylke hält ihm ein Leckerchen vor die Nase.

Grundübung „Steh“

Auch bei dieser Übung nehmen Sie das Leckerchen in die rechte Hand. Der Hund sollte sich in der Sitz- oder Platzposition befinden. Jetzt halten Sie ihm das Leckerchen so vor die Nase, dass er es ihnen nicht wegschnappen kann. Ziehen Sie langsam das Leckerchen nach oben und gleichzeitig in Ihre Richtung, sodass der Hund beim Verfolgen des Leckerchens aufstehen muss. Sobald der Hund steht, stoppen Sie ihn, indem Sie ihm das Leckerchen direkt vor die Nase halten. Dabei muss Ihre Hand auf Hundenasenhöhe sein, um zu vermeiden, dass der Hund das Sitz oder Platz einnimmt, weil er der Meinung ist, so schneller an die Belohnung zu kommen. Sollte das trotzdem der Fall sein, können Sie noch einen Trick anwenden: Locken Sie den Hund wie vorher beschrieben. In dem Moment, in dem Sie den Hund mit dem Leckerchen vor der Nase stoppen, halten Sie gleichzeitig Ihre linke Hand unter den

Sylke geht langsam aus der Hocke nach oben. Joey folgt dem Leckerchen und muss dazu aufstehen.

Sylke stoppt Joey mit dem Leckerchen vor der Nase, gibt das Hörzeichen „Steh“ und belohnt ihn.

Bauch des Hundes. Sobald der Hund einen kurzen Moment still steht und seine vier Pfoten den Boden berühren, geben Sie das Hörzeichen „Steh“ und sofort die Belohnung. Dann gehen Sie genau so vor, wie es schon bei der Übung „Sitz“ und „Platz“ beschrieben wurde.

Ablenkungen einbauen

Die im Folgenden aufgeführten Tätigkeiten sollte man als Ablenkung schrittweise in seine Grundübungen einbauen, damit der Hund lernt, das Kommando auch in diesen und ähnlichen Situationen zu zeigen:

- in die Hände klatschen
- Hüpfen
- mit den Armen und Beinen hantieren
- mit Tüchern wedeln
- Geräusche sind zu hören (Musik, Fernsehgeräusche, Geklapper, Applaus, Pfeifen, Hupen, Schüsse, Jubeln und so weiter)
- andere Personen sind anwesend und bewegen sich
- Spielzeug liegt herum
- Besitzer und andere Personen rennen plötzlich los
- Futter liegt herum

Man beginnt immer mit der kleinsten Dosierung, die dann schrittweise an Intensität zunimmt.

Beispielsweise sind die sich bewegenden Personen zu Beginn noch weit entfernt. Schrittweise nähern sie sich. Wenn Sie mit den Armen hantieren, bewegen Sie diese zu Beginn nur wenig und kurz, nach und nach werden die Bewegungen heftiger.

Wenn Ihr Hund unter Ablenkung liegen, sitzen und stehen bleibt, haben Sie die Hörzeichen gut trainiert. Je besser ein Hörzeichen ausgeführt wird, um so leichter können Sie es weiter ausarbeiten oder darauf aufbauen.

Die Übungen

Das Hochheben

Einige Maßnahmen verlangen immer wieder, dass der Hund sich hochheben lässt. Es ist für Hunde jedoch sehr beängstigend, den Boden unter den Pfoten zu verlieren. Außerdem beinhaltet das Hochheben sehr viele Gesten, die auf den Hund bedrohlich wirken, wie zum Beispiel das Überbeugen, den Hund umarmen oder ihn an sich drücken. Deshalb ist es sinnvoll das Erforderliche zu üben.

Voraussetzung für diese Übung ist das Hörzeichen „Steh“. Für die Übung brauchen Sie am Anfang eine Hilfsperson. Geben Sie dem Hund das Hörzeichen „Steh“ und belohnen Sie ihn. Hocken Sie sich so vor Ihren Hund, dass er mit

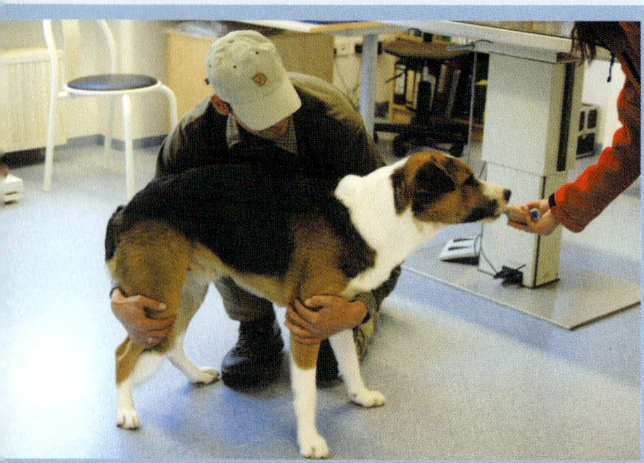

Socke leckt an der Squeeze-Tube, während Markus sich in Position bringt.

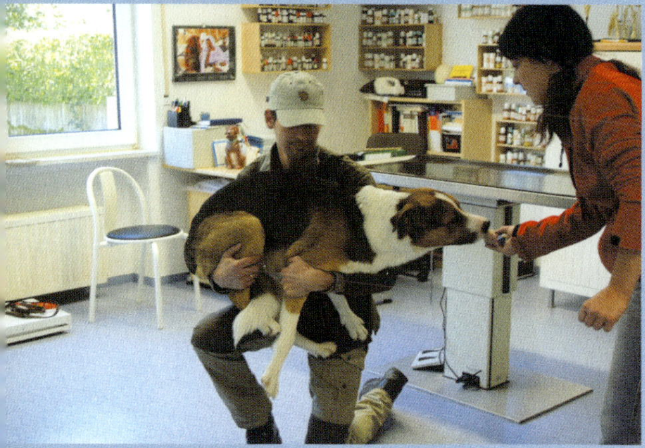

Am Anfang wird Socke nur kurz und in geringer Höhe hochgehoben und dabei kontinuierlich gefüttert.

Man arbeitet sich Schritt für Schritt auf die gesamte Höhe vor.

seiner linken Längsseite vor Ihnen steht. Die zweite Person soll sich mit ausreichend vielen Leckerchen oder einer gefüllten Squeeze-Tube vor den Kopf des Hundes stellen.

Legen Sie nun Ihren rechten Arm hinter die Oberschenkel des Hundes, genau zwischen Po und Sprunggelenk. Mit der rechten Hand umfassen Sie das Knie des Hundes, um einen sicheren Griff zu haben. Den linken Arm legen Sie vor die Brust des Hundes (unterhalb des Brustbeins), mit der linken Hand umfassen Sie den Oberarm und das Ellenbogengelenk des Hundes. So rutschen Sie nicht ab und halten den Hund sicher. Während dieser Prozedur beginnt die Hilfsperson damit den Hund mit Leckerchen zu füttern oder ihm die Squeeze-Tube zum Lecken zu geben.

Während die zweite Person weiter Häppchen füttert, heben Sie den Hund hoch. Dabei dürfen Sie ihm zusätzlich zu den Leckereien noch gut zureden. Heben Sie den Hund am Anfang nicht ganz hoch, sondern nur ein paar Zentimeter. Es reicht, wenn der Hund am Anfang nur kurz den Boden unter den Pfoten verliert. Halten Sie ihn nur kurz oben und setzen ihn dann wieder ab. Sobald die Pfoten den Boden berühren, stellt die Hilfsperson das Füttern ein. So lernt der Hund, dass es toll ist, den Boden unter den Pfoten zu verlieren, und dass das Leben auf allen Vieren nur halb so gut schmeckt.

Üben Sie mehrmals täglich in kleinen Einheiten. Verlängern Sie die Zeit, die Ihr Hund auf Ihrem Arm verbringen muss, heben Sie ihn immer ein Stück höher und bauen Sie nach und nach die Belohnung ab. Dabei muss die Hilfsperson in zeitlich immer längeren Intervallen füttern und so die Belohnung immer mehr ausdünnen. Sobald der Hund sich entspannt und problemlos hochheben lässt, können Sie das Aufden-Tisch-Heben üben.

Auf dem Tisch sitzen - stehen - liegen

Voraussetzung hierfür sind Sitz, Platz, Steh und das Hochheben. Bei den meisten Tierärzten ist es üblich, dass Hunde auf dem Tisch behandelt werden. Die Tische haben eine rutschfeste Unterlage, die dem Hund sicheren Halt gibt. Einige Praxen haben solche Matten allerdings nicht. Hunde sind es gewohnt, festen Halt unter den Pfoten zu haben, und es bereitet ihnen starken Stress und große Schwierigkeiten, wenn sie auf dem Tisch mit den Pfoten wegrutschen. In solchen Praxen ist es sinnvoll seine eigene Matte mitzubringen, um dem Hund eine negative Erfahrung zu ersparen. Hierfür dürfte wohl jeder Tierarzt Verständnis haben. Bei vielen Tierärzten ist es mittlerweile auch kein Problem mehr, größere Hunde oder solche, die auf dem Tisch panisch reagieren, unten auf dem Fußboden zu behandeln.

Nehmen Sie einen stabilen Tisch oder etwas Ähnliches, auf den Sie eine rutschfeste Matte legen. Heben Sie Ihren Hund hoch und stellen ihn auf den Tisch. Wenn Sie selber schon gut im Handling mit Futter sind, brauchen Sie keine zweite Person, ansonsten würde auch hier eine zweite Person die Übung erleichtern.

Sobald der Hund auf dem Tisch steht, beginnen Sie oder Ihr Helfer mit der Fütterung. Die Squeeze-Tube vereinfacht das kontinuierliche Füttern bei dieser Übung. Der Hund sollte am Anfang durch lockeres Halten gesichert werden, damit er nicht abstürzt. Warten Sie, bis der Hund durch die Futterablenkung entspannt ist, und heben Sie ihn dann wieder herunter. Zeigt der Hund kein angespanntes Verhalten mehr, wenn er auf den Tisch gesetzt wird, kann man ihn, während er seine Belohnung frisst, auch ohne Halten auf dem Tisch stehen lassen.

Wiederholen Sie die Übung mehrmals und verlängern Sie die Zeit, die Ihr Hund auf dem Tisch verbringen soll. Immer wenn der Hund auf den Tisch gesetzt oder gestellt wird, passiert etwas ganz Tolles. Man kann ihm auch eine Kaustange geben, die er dann auf dem Tisch – er kann dabei auch liegen – fressen darf. Wenn der Hund das Prozedere entspannt mitmacht, bauen Sie nach dem Hochheben die Übungen Sitz, Platz und Steh mit ein. Nach und nach wird die Belohnung wieder abgebaut. Ein kleines Leckerchen sollte aber immer noch gegeben werden, sobald der Hund auf dem Tisch steht.

Vergessen Sie nicht, die Belohnungshäppchen auch zum Tierarzt mitzunehmen, damit der Hund den Tierarzttisch als etwas Positives ansieht. Es ist auch sehr sinnvoll, den Hund nicht gleich beim ersten Arztbesuch impfen oder behandeln zu lassen. Fragen Sie Ihren Tierarzt, ob Sie den Hund für Übungszwecke nur einmal kurz auf den Tisch setzen dürfen. Geben Sie ihm dort eine Belohnung und gehen Sie mit ihm wieder nach Hause. Vielleicht

Eine Hilfsperson beginnt sofort mit dem Füttern, wenn der Hund auf dem Tisch ist, wobei er locker gehalten wird.

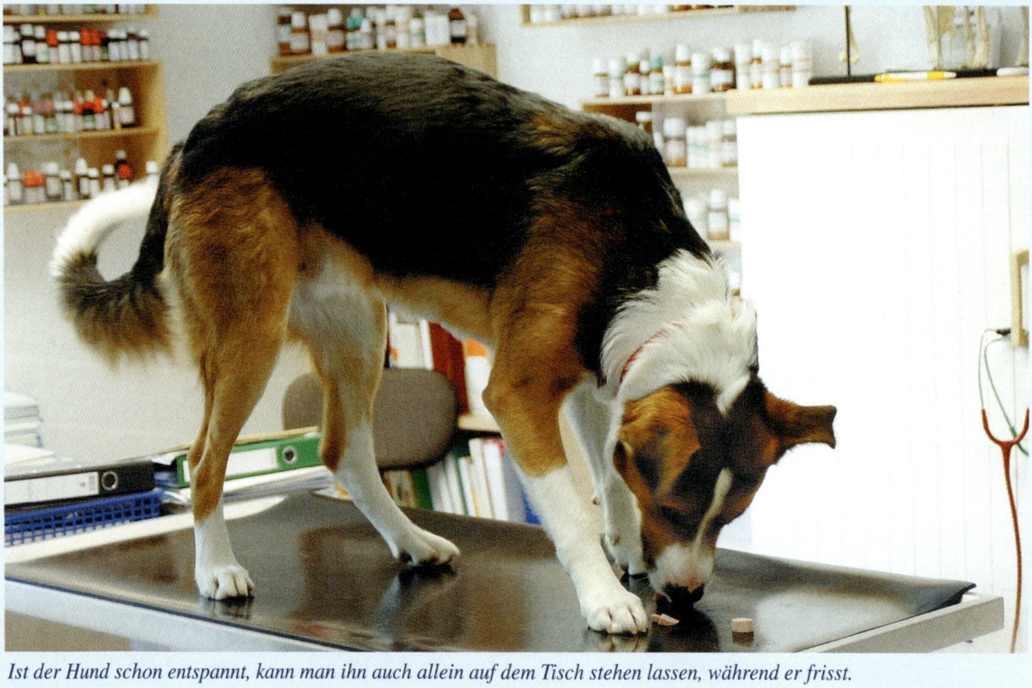

Ist der Hund schon entspannt, kann man ihn auch allein auf dem Tisch stehen lassen, während er frisst.

Wenn ein Hund doch mal sehr zappelt, kann man ihn auf die Hüfte klemmen. So hat man einen sicheren Halt und der Hund kann sich und andere nicht verletzen.

haben die Helferinnen oder der Tierarzt selbst noch kurz Zeit für ein bisschen Ansprache und kleine Streicheleinheiten. Sehr gut ist es, wenn das Praxisteam bereit ist, Ihren Hund auf dem Tisch zu füttern. Wenn Sie die Möglichkeit haben, den Tierarzt öfter zu besuchen und auf die beschriebene Art zu üben, werden Sie sehr bald einen Hund haben, der gerne in die Praxis geht und es kaum erwarten kann, auf den Tisch gehoben zu werden.

Eine rutschfeste Matte wird vorbereitet.

Das Baden

Voraussetzung für diese Übung ist das Hochheben. Beim Baden gibt es gleich mehrere Probleme. Der Hund steht nicht gern auf glatten, rutschigen Böden und viele Hunde mögen auch Wasser nicht so gern. Da es aber immer mal wieder vorkommt, dass unser Hund sich im Dreck wälzt oder aus gesundheitlichen Gründen gebadet werden muss, sollte man das Erforderliche üben, damit es für den Hund nicht zum Horror wird und er das Vertrauen in Sie verliert.

Nehmen Sie eine rutschfeste Matte und schmieren Sie auf die Matte etwas Schmierwurst oder Schmierkäse. Honig ist bei Hunden auch sehr beliebt und noch dazu gesund. Stellen Sie den Hund auf die Matte und lassen ihn die Leckerei ablekken. Besonders dann, wenn der Hund schon nega-

Hunde sollten zuerst eine positive Verknüpfung mit der Matte außerhalb der Badewanne herstellen können.

tive Erlebnisse mit dem Baden gemacht hat, sollten Sie die Matte erst einmal auf den Fußboden legen und den Hund dort die Leckerei ablecken lassen. Das wiederholen Sie mehrmals am Tag.

Wenn der Hund entspannt auf der Matte steht, gehen Sie einen Trainingsschritt weiter und legen die präparierte Matte in die Badewanne. Heben Sie den Hund hoch und stellen ihn in die Wanne auf die Matte.

Steht der Hund auch in der Badewanne entspannt auf seiner Matte, beginnen Sie das Wasser laufen zu lassen, während der Hund die Matte ableckt. In diesem Schritt wird der Hund aber noch nicht nass gemacht.

Im nächsten Schritt stellen Sie die Wassertemperatur auf lauwarm ein und beginnen, während Ihr Hund die Matte abschleckt, unter aufmunternden Worten die Pfoten des Hundes abzudu-

Der Hund steht auf seiner Matte in der Wanne, aber das Wasser bleibt zunächst noch aus.

Erst wenn der Hund entspannt in der Wanne steht, beginnen Sie das Wasser laufen zu lassen, während der Hund die Matte ableckt.

schen. Wieder üben Sie mehrmals täglich, bis der Hund entspannt ist. Im nächsten Schritt duschen Sie dann die Pfoten ab, danach nähern Sie den Wasserstrahl dem Bauch, bis Sie in vielen kleinen Schritten zum Rücken gelangen. Vergessen Sie nicht, den Hund während der Prozedur von seiner Matte fressen zu lassen.

Wenn mehr Wasser ins Spiel kommt, können Sie auch eine andere Person bitten, den Hund während der Übung zu füttern. Bei dieser Übung eignet sich die Squeeze-Tube am besten. Gehen Sie immer erst dann einen Schritt weiter, wenn der Hund die vorherige Übung entspannt mitmacht. Steigern Sie langsam die Anforderungen und bauen nach und nach die Belohnung ab. Ein Belohnungshappen beim Einstieg in die Badewanne und einer nach dem Baden sollte allerdings immer drin sein.

Auf die Seite legen

Es gibt Hunde, die aus freien Stücken ihren Bauch zeigen. Manche tun dies, um zu beschwichtigen (eine Konfliktsituation durch bestimmte körperliche Signale entschärfen), andere, um den Bauch gekrault zu bekommen oder um den Bauch einfach nur so in die Sonne zu strecken, die durch das Fenster scheint. Will man den Hund aber aus einem bestimmten Grund auf die Seite drehen, machen die meisten Hunde nicht mehr mit, weil sie nicht genau wissen, was auf sie zukommt. Der Bauch ist eine sehr sensi-

Das Leckerchen wird von der Schnauze aus in Richtung Ohr geführt.

Beim Verfolgen des Leckerchens rollt Smilla sich zusammen und kippt dabei leicht zur Seite.

Smilla dreht sich immer weiter, bis sie schließlich ganz auf der Seite liegt.

Ab jetzt kann man das ruhige Liegen und das Berühren von Körperteilen üben.

ble Zone. Wird das Manipulieren allerdings geübt und mit etwas Positivem verknüpft, stellt es für den Hund kein Problem mehr dar. Er hat gelernt, dass jetzt etwas auf ihn zukommt und er sich sicher sein kann, dass er Ihnen dabei trauen kann.

Voraussetzung für diese Übung ist das Hörzeichen „Platz“. Wählen Sie am Anfang einen weichen Untergrund wie eine Decke oder den Teppich, das erleichtert dem Hund das Hinlegen und das Rollen auf die Seite. Bringen Sie ihn ins Platz und hocken Sie sich vor den Kopf Ihres Hundes. Achten Sie dabei auf Ihre Körpersprache, denn wenn diese dem Hund zu bedrohlich erscheint, wird er sich nur zögernd, wenn überhaupt, auf die Seite rollen lassen.

Nehmen Sie ein schmackhaftes Leckerchen und halten es dem Hund direkt vor die Nase. Achten Sie wieder darauf, dass der Hund es Ihnen nicht wegschnappen kann. Ziehen Sie das Leckerchen jetzt langsam in Richtung Ohren hinter den Kopf des Hundes. Wenn der Hund dem Leckerchen folgt, muss er sich automatisch etwas auf die Schulter rollen, um das Leckerchen nicht aus den Augen zu verlieren. Geben Sie die Belohnung, sobald der Hund sich etwas auf die Schulter rollt.

Manche Hunde versuchen am Anfang der Übung aufzustehen, wenn sich das Leckerchen zu weit hinter dem Kopf befindet. Sollte das der Fall sein, sagen Sie ruhig „Nein“ und geben Sie keine Belohnung. Bringen Sie den Hund wieder zurück in die Platzposition und wiederholen Sie die Übung. Geben Sie das Leckerchen einfach etwas früher, noch bevor der Hund aufsteht. So lernt er, dass er seine Belohnung für das Kopfdrehen im Liegen bekommt und nicht für das Aufstehen. Er wird sich bemühen seinen Kopf weiter zu drehen, um seine Belohnung zu erhalten. Die meisten Hunde haben eine bevorzugte Seite, auf die sie sich gerne legen. Probieren Sie einfach mal aus, auf welche Seite sich Ihr Hund lieber rollt.

Belohnen Sie den Hund am Anfang, wenn er seinen Kopf weit nach hinten dreht. Gehen Sie immer ein Stückchen weiter und erhöhen die Anforderungen, bis der Hund sich bei der Übung ganz auf die Seite rollt. Wenn er sich sofort und gern auf die Seite rollt, sobald Sie mit der Übung beginnen, können Sie ab diesem Zeitpunkt ein Hörzeichen einbauen (zum Beispiel „Seite“ oder „Peng“). Genau dann, wenn der Hund sich auf die Seite legt, geben Sie das gewählte Hörzeichen und danach sofort die Belohnung. Zögern Sie das Belohnen mit Häppchen in kleinen Schritten immer weiter hinaus, damit der Hund lernt, länger auf der Seite liegen zu bleiben.

Nach einigen Tagen fleißigen Übens beginnen Sie, den Hund nicht mehr mit einem Leckerchen zu locken, sondern nur noch die Handbewegung zum Locken zu verwenden. Sobald der Hund auf der Seite liegt, loben Sie ihn und holen ein Leckerchen hervor. Gehen Sie auch hier schrittweise dazu über vom Hund zu verlangen, immer länger liegen zu bleiben. Bauen Sie die Belohnung nach und nach ab. Wenn der Hund die Übung beherrscht, üben Sie beispielsweise seine Pfoten festzuhalten, während er auf der Seite liegt, seine Extremitäten zu bewegen wie bei der Krankengymnastik oder den Bauch abzutasten und Ähnliches.

Das Bürsten

Viele Hunde haben es nicht gern, sich pflegen zu lassen. Die meisten Hunde haben aber nicht, wie oft fälschlich behauptet wird, ein Rangordnungsproblem, sondern finden das Bürsten aufgrund unangenehmer Erfahrungen einfach nur schrecklich. Oder sie haben Probleme mit der menschlichen Körpersprache, die für den Hund in der Situation sehr bedrohlich erscheint, weil wir bei der Körperpflege meist über ihm gebeugt arbeiten. Oft reicht es schon aus, dass wir uns auf eine bestimmte Stelle des Körpers konzentrieren. Für den Hund ist das kein gutes Zeichen und er kann es als Drohfixieren interpretieren. Es besteht natürlich auch die Möglichkeit, dass Sie einfach nur eine falsche Bürste verwenden. Oft werden Bürsten mit kleinen, feinen, gebogenen Drähtchen zur Pflege des Hundes genommen. Die kleinen Drähtchen reichen bis auf die Haut des Hundes und kratzen unangenehm. An vielen Stellen, an denen die Haut besonders empfindlich ist, bereiten sie dem Hund sogar Schmerzen. Außerdem wird die Haut bei regelmäßiger Anwendung schuppig.

Brigitte zeigt Kiara die Leckerchen und füttert diese ganz nah neben der Bürste.

Im nächsten Schritt lenkt Brigitte Kiara ab, während sie sich mit der Bürste dem Körper nähert und diesen damit berührt.

Ist der Hund beim Berühren mit der Bürste entspannt, beginnt man mit den streichenden Bewegungen.

Ich empfehle zum Bürsten die so genannte „Zoom-Groom-Bürste“. Diese Bürste kann sowohl zum Bürsten als auch zum Shampoonieren benutzt werden. Sie ist aus einem speziellen Gummi gefertigt, der viel Unterwolle herausholt. Die Bürste fügt dem Hund keine Schmerzen zu, lässt die Haut nicht schuppen und sorgt für ein glänzendes Fell.

Nehmen Sie diese oder eine andere weiche Bürste. Legen Sie ein besonderes Leckerchen auf die Bürste und lassen Sie den Hund den Happen von der Bürste fressen.

Als nächsten Schritt nehmen Sie ein Leckerchen und halten es dem Hund so vor die Schnauze, dass er daran knabbern, es aber nicht ganz nehmen kann. Während er daran knabbert, streichen Sie mit der Bürste einmal vom Nacken bis zur Schwanzwurzel. Hat das problemlos geklappt, geben Sie dem Hund den Rest vom Leckerchen. Üben Sie am Anfang immer nur kurz, aber dafür häufig am Tag. Hören Sie unbedingt auf, wenn es sehr gut geklappt hat und der Hund entspannt ist. Gehen Sie immer nur dann einen Schritt weiter, wenn der Hund entspannt mitmacht. Steigern

Petra hält ihre Hand in Hundenasenhöhe und zeigt Sky, dass sie darunter ein Leckerchen für ihn hat.

Sie langsam die Anforderungen. Geben Sie das Leckerchen erst frei, wenn Sie mehrmals über den Körper des Hundes gestrichen haben. Tasten Sie sich langsam an Kopf und Pfoten heran. Am Schluss bauen Sie wieder in kleinen Schritten die Belohnung ab.

Die Schnauze fixieren (Schnauzengriff)

Das Übergreifen über die Schnauze ist ein hundliches Verhalten. Die Mutterhündin zeigt es bei der Erziehung ihrer Welpen. Allerdings wird es viel zu häufig von Hundehaltern in allen möglichen Situationen benutzt. Sie haben mal irgendwo gelesen, dass es sich hierbei um eine hundliche Strafe handelt, oder es wurde ihnen als das Allheilmittel empfohlen. Der Schnauzengriff wird häufig unsachgemäß angewendet, die Hunde empfinden es dann als lästig und unangenehm. Durch falsche Handhabung und schlechtes Timing des Besitzers können die Hunde den Schnauzengriff meistens nicht ihrem Verhalten zuordnen und es kann sein, dass sich der Hund durch die unsachgemäße Behandlung bedroht fühlt. Nicht selten kann es zu aggressiven Reaktionen mit Beißen kommen.

Sky kommt freiwillig mit seiner Nase unter die Handfläche, um sich die Belohnung zu holen.

Im weiteren Verlauf des Trainings formt Petra ihre Hand immer mehr zu einem Griff um die Schnauze.

Um den Kopf des Hundes bei Pflegemaßnahmen oder einer tierärztlichen Untersuchung ruhig zu halten, ist der Schnauzengriff eine schöne Hilfe – vorausgesetzt der Hund hat gelernt, das Fixieren der Schnauze mit der Hand zu dulden.

Lassen Sie den Hund sitzen oder stehen. Hocken Sie sich neben ihn, damit Sie nicht so bedrohlich wirken. Halten Sie nun Ihre flache Hand vor die Hundenase und darunter mit der anderen Hand ein Leckerchen. Der Hund soll freiwillig mit seiner Schnauze unter Ihre flache Hand kommen, um sich das Leckerchen zu holen. Wiederholen Sie diese Übung, bis sich Ihr Hund entspannt verhält. In den weiteren Trainingsschritten formen Sie Ihre Hand immer mehr zum Griff.

Legen Sie nun den Daumen Ihrer linken Hand auf den Nasenrücken des Hundes. Die restlichen Finger umgreifen den Unterkiefer des Hundes. Halten Sie die Schnauze nicht zu, sondern lassen Sie Spielraum, damit Ihr Hund das Leckerchen fressen kann. Wichtig ist, dass Ihr Hund das Leckerchen bekommt, während Sie noch dabei sind den Griff auszuführen.

Im nächsten Schritt fixieren Sie die Schnauze einen Moment, bevor Sie den Griff wieder lockern, damit der Hund die Belohnung fressen kann. In weiteren Schritten können Sie auch die Handstellung verändern. Greifen Sie von oben mit der ganzen Hand über die Schnauze oder nehmen Sie beide Hände. Dabei liegen beide Daumen auf dem Nasenrücken und die anderen Finger umfassen den Unterkiefer des Hundes. Verlängern Sie die Dauer des Fixierens und verändern Sie den Druck. Der Druck sollte nicht so stark sein, dass er dem Hund Schmerzen zufügt. Üben Sie, während Ihr Hund sitzt, liegt und steht. Üben Sie auch auf dem Tisch, damit die Übung Tierarztpraxischarakter bekommt. Das Trainingsziel könnten zehn Minuten sein. Das heißt, am Ende Ihres Trainings sollte der Hund es gelassen dulden, dass Sie den Schnauzengriff zehn Minuten ausführen.

Das Maul öffnen und Zähne kontrollieren

Die Kontrolle von Zähnen und Mundhöhle ist eine wichtige Übung, die der Hund beherrschen sollte. Durch regelmäßige Kontrolle kann man frühzeitig Zahnprobleme erkennen und so rechtzeitig vorbeugen beziehungsweise behandeln. Es kommt vor, dass sich beim Spielen mit Stöcken ein Stück des Stocks zwischen den oberen großen Backenzähnen verkeilt. Die Besitzer merken das häufig erst, wenn der Hund anfängt penetrant aus dem Maul zu riechen, weil sich die Stelle entzündet und Futterreste zwischen Gaumen und Stock festsitzen.

Wenn Sie Ihrem Hund in die Schnauze schauen können, stellen Sie solche Dinge früher fest und die Behandlung des Hundes wird wesentlich kürzer ausfallen. Wenn Sie dem Hund einen gefährlichen oder giftigen Gegenstand wegnehmen wollen, den er draußen aufgenommen hat, muss er gelernt haben, dass Sie ihm seine Schnauze öffnen.

Voraussetzung für diese Übung ist das Tolerieren des Schnauzengriffs. Man beginnt die Übung wieder mit einem kleinen Schritt in die richtige Richtung. Nehmen Sie einige gute Leckerchen. Ziehen Sie mit Ihrer Hand die Lefzen des Hundes kurz nach oben und belohnen Sie ihn, noch während Sie die Lefzen hochhalten. Wiederholen Sie diese Übung mehrmals. Ist der Hund dabei entspannt, fassen Sie mit Ihrer Hand von oben über die Schnauze und greifen Sie mit Ihrem Daumen in die Lücke hinter den Fangzahn des Oberkiefers. Mit dem Zeigefinger der anderen Hand greifen Sie von unten in die Lücke hinter den Fangzahn des Unterkiefers. Nun ziehen Sie den Kiefer vorsichtig auseinander, bis das Maul ein wenig geöffnet ist. Belohnen Sie den Hund, indem Sie ihm einfach ein tolles Leckerchen in das geöffnete Maul stecken.

Den meisten Hunden, die Erfahrungen mit dem Öffnen des Mauls durch den Besitzer gemacht haben, wurde etwas aus dem Maul genommen, weil es aus Sicht des Besitzers gefährlich oder ungenießbar ist. Gerade bei diesen Hunden eignet sich die beschriebene Übung sehr gut zum Umtrainieren. Denn so lernt der Hund, dass man ihm nicht zwingend etwas wegnimmt, wenn man sein Maul öffnet. Wiederholen Sie die Übung mehrmals, bis der Hund entspannt dabei ist.

Nun ziehen Sie die Kiefer nach und nach immer weiter auseinander, bis man bequem in die Maulhöhle schauen kann. Vergessen Sie nicht,

Nach und nach wird auch die zweite Hand mit ins Spiel gebracht. Dieser Griff ist die Vorstufe zum Öffnen der Schnauze. Man sieht Sky an seinen Ohren an, dass er diesen Griff noch nicht ganz so gern hat.

Zum Öffnen der Schnauze schiebt man die Daumen in die Zahnlücken hinter den oberen und unteren Fangzähnen, ohne dabei die Lefzen zwischen Daumen und Zähne zu klemmen. Das würde dem Hund weh tun.

Um das Aufmachen der Schnauze zu üben, legt man am Anfang in das offene Maul ein Leckerchen. So lernt der Hund, dass es sinnvoll ist, sich die Schnauze öffnen zu lassen.

ein Leckerchen hineinzulegen. Jetzt beginnen Sie die Zeit zu verlängern. Sie möchten ja länger als drei Sekunden in das Maul schauen können. Warten Sie einfach einen Moment ab, bevor Sie ein Leckerchen in das Maul legen. Nach und nach verlängern Sie die Zeit. Dann bauen Sie die Belohnung nach und nach ab. Der Hund bekommt nicht mehr bei jedem Hineinschauen ein Leckerchen ins Maul gelegt. Sie können das Futterstückchen gegen ein verbales Lob austauschen. Tun Sie das schrittweise und belohnen Sie später nur noch ab und zu.

Auch das Zähneputzen ist eine wichtige Übung. Hunde können auch Karies und Parodontose bekommen. Hunde, die viel Weichfutter bekommen, nutzen ihre Zähne nicht mehr richtig, weil sie kaum noch kauen müssen. Das Resultat sind oft noch sehr junge Hunde, die schon behandlungsbedürftige Zähne haben. So ein Eingriff bedeutet auch eine Narkose, weil der Hund sich die Zähne nicht bei vollem Bewusstsein reinigen lässt.

Um das Zähneputzen zu üben, sollten Sie sich eine spezielle Zahnspüllösung für Hunde kaufen. Diese tragen Sie auf ein sauberes, fusselfreies Tuch, am besten auf eine Kompresse auf. Nun umfassen Sie von oben die Hundeschnauze und ziehen mit dem Daumen die Lefze hoch. Jetzt reiben Sie mit dem Tuch über die Zähne. Wenn man das Tuch über den Zeigefinger stülpt, kann man so hervorragend bis an die hinteren Backenzähne gelangen. Die Lösung sorgt dafür, dass der Plaque gelöst wird. Man kann diese Prozedur auch mit einer speziellen Zahn-

Sky lässt sich die Zähne problemlos mit einer Spüllösung und einer Kompresse reinigen.

bürste für Hunde und einer für Hunde geeigneten Zahnpasta durchführen. Aus meiner Erfahrung ist es mit einem Tuch und einer geeigneten Spüllösung jedoch viel einfacher. Am Anfang belohnen Sie den Hund ganz häufig, später bauen Sie die Belohnung nach und nach ab.

Es gibt auch spezielle Kautschuk-Spielzeuge zur Zahnreinigung. Diese Spielzeuge haben einen Hohlraum, in den man Futter füllen kann. Außen sind sie mit Rillen versehen, die mit Hundezahnpasta befüllt werden. Beim Versuch durch Lecken und Kauen an den leckeren Inhalt im Hohlraum zu kommen, reinigt der Hund auf spielerische und vergnügliche Weise seine Zähne.

Maulkorbtraining

Die meisten Hundehalter haben nette, unkomplizierte Hunde. Das ist wahrscheinlich der Grund dafür, dass sie einfach nicht über das Tragen eines Maulkorbes nachdenken. Der Maulkorb wird immer mit aggressiven Hunden in Verbindung gebracht, dabei ist das Gewöhnen an das Tragen eines Maulkorbes für jeden Hund sinnvoll. Es gibt verschiedene Orte (zum Beispiel im Urlaub), wo das Tragen eines Maulkorbes in bestimmten Bereichen Pflicht ist. In vielen öffentlichen Verkehrsmitteln müssen Hunde seit der Verabschiedung des Landeshundegesetzes einen Maulkorb tragen. Auf Verlangen des Schaffners muss man den Maulkorb zeigen oder dem Hund anziehen. Nach einer Operation kann der Maulkorb sinnvoll sein, um das Lecken an der Wundstelle zu vermeiden. Für Hunde, die große Probleme mit dem Tragen einer Halskrause haben, ist der Maulkorb eine gute Alternative. Wenn Sie einen Hund haben, der draußen alles frisst, kann der Maulkorb eine Übergangslösung sein, bis Sie ihm erfolgreich das Aufnehmen von Unrat abgewöhnt haben.

Um den Hund an das Tragen zu gewöhnen, ist allerdings ein Training erforderlich. Der Hund soll den Maulkorb mögen und ihn nicht als Strafe empfinden. In guten Hundeschulen gehört das Maulkorbtraining mittlerweile zum Programminhalt der Welpengruppen.

Der Maulkorb soll immer gegenwärtig sein, wenn etwas Schönes passiert. Erst wird er nur neben den Fressnapf gelegt, während der Hund

Zu Beginn des Trainings liegt der Maulkorb erst einmal nur neben dem Fressnapf, während der Hund daraus frisst.

Im nächsten Schritt wird dem Hund der Maulkorb so vor die Nase gehalten, dass er seine Schnauze freiwillig hinein stecken kann, um die Leckereien, die man von vorn durch das Loch steckt, zu fressen.

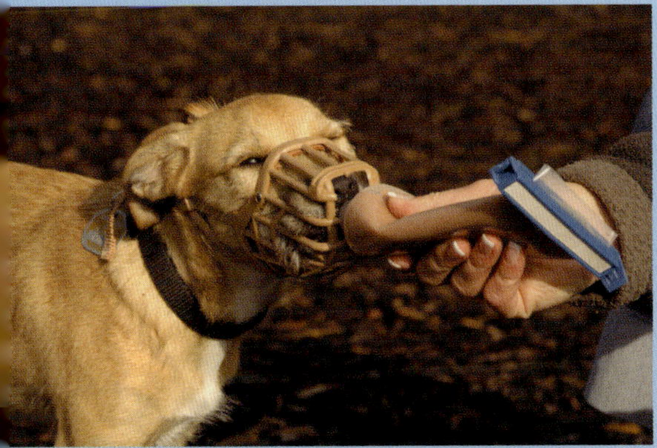

Wenn der Maulkorb zum ersten Mal hinter den Ohren verschlossen wird, sollte man den Hund vorn gut ablenken, damit er nicht versucht den Maulkorb abzustreifen.

frisst. Nehmen Sie ihn dann beispielweise zusammen mit der Leine vom Haken, bevor es zum Spazieren geht. Oder der Maulkorb kann dabei sein, wenn Sie mit dem Hund spielen. Allerdings sollte nicht der Maulkorb als Spielzeug dienen.

Im nächsten Schritt legen Sie einige Leckerchen in den Maulkorb oder schmieren Leberwurst in den vorderen Bereich. Hocken Sie sich neben den Hund und halten den Maulkorb so vor die Hundenase, dass der Hund seine Schnauze bequem hineinstecken kann. Stülpen Sie dem Hund den Maulkorb nicht einfach über. Damit der Hund eine positive Verknüpfung mit dem Maulkorb herstellen kann, ist es wichtig, dass er freiwillig seine Nase hineinsteckt.

Wenn der Hund seine Nase gerne in den Maulkorb steckt und sich schon beim bloßen Anblick freut, beginnen Sie den Maulkorb zu verschließen. Lenken Sie ihn dann sofort ab. Am besten funktioniert das mit einer Tube Lachspaste oder mit einer Tube Leberwurst (Squeeze-Tube), die Sie von vorn in den Maulkorb stecken. Durch kontinuierliches Drücken auf die Tube können Sie dem Hund dosiert die Leckerei anbieten. Achten Sie darauf, den Hund so gut abzulenken, dass er nicht versucht mit den Pfoten den Maulkorb abzustreifen. Sollte es doch einmal passieren, nehmen Sie den Maulkorb auf keinen Fall ab, sonst würde er lernen mit diesem Verhalten den Maulkorb loszuwerden. Lassen Sie den Hund sitzen und nehmen Sie ihm den Maulkorb dann ab.

Verlängern Sie nach und nach die Zeit, in der der Hund den Maulkorb tragen soll. Auch das Laufen mit dem Maulkorb muss geübt werden.

Nina lockt Enji langsam mit der Tube vor dem Maulkorb vorwärts, damit der Hund auch das Laufen mit dem Maulkorb lernt.

Gemeinsames Maulkorbtraining in der Junghundegruppe

Viele Hunde neigen dazu, mit den Pfoten den Maulkorb abzustreifen, wenn sie die ersten Schritte damit machen. Halten Sie dem Hund die Tube vor die Nase und locken ihn einen Schritt mit der Tube vorwärts. Sobald er den Schritt gemacht hat, stecken Sie die Tube durch die Stäbe des Maulkorbes, um ihn mit der Leckerei zu belohnen. Danach folgen zwei Schritte, dann drei und so weiter. Wenn sich der Hund an das Tragen während des Laufens gewöhnt hat, sollten Sie den Maulkorb im Alltag immer wieder benutzen, damit der Hund es als normal empfindet ihn zu tragen.

Die Ohren behandeln lassen

Ohren sind empfindlich und Manipulationen daran werden nicht gern geduldet. Manchmal ist das Behandeln oder das Reinigen der Ohren aber notwendig, insbesondere bei Rassen mit langen Ohren oder vielen Haaren. Man erspart sich körperliche Auseinandersetzungen mit dem Hund, wenn man das Behandeln der Ohren übt.

Legen Sie sich diverse, schmackhafte Leckerchen bereit. Hocken Sie sich so neben Ihren Hund, dass er mit seiner Längsseite zu Ihnen steht. Halten Sie ihm in Ihrer linken Hand ein

Kiara wird vorn ein Leckerchen in Aussicht gestellt, das sie genau dann bekommt, wenn Brigitte kurz in das Ohr geschaut hat.

Im weiteren Verlauf des Trainings sollte das Annähern mit einem Tuch …

… sowie das Annähern und Berühren mit einer Flasche Ohrreiniger geübt werden.

Leckerchen so unter die Nase, dass er es Ihnen nicht wegschnappen kann. Gleichzeitig nehmen Sie das Hundeohr mit der rechten Hand, halten es hoch und schauen hinein. Während dieser Prozedur erhält der Hund die Belohnung. Üben Sie das mit beiden Ohren und auch auf einem Tisch mit rutschfester Unterlage. Schauen Sie länger in das Ohr, bevor Sie den Hund belohnen, und gehen Sie dazu über, die Ohrmuschel mit einem Finger zu berühren oder zu kraulen.

Ziehen Sie sich Pflanzenöl in eine Einwegspritze (ohne Kanüle) auf und träufeln Sie einen Tropfen in das Ohr. Diese Übung simuliert die Gabe von Ohrentropfen. Passen Sie dabei auf, dass Sie den Hund nicht verletztten, wenn dieser eine Abwehrbewegung macht. Jede Manipulation wird mit einem in Aussicht gestellten Leckerchen trainiert. Geben Sie das Leckerchen immer noch während der Behandlung. Üben Sie, mit einem kleinen Fläschchen und einem Stückchen Haushaltspapier an das Ohr zu gehen. Lassen Sie es rascheln, während Sie die Belohnung geben. Auch hier wird die Belohnung nach und nach abgebaut und die Zeit der Manipulation verlängert.

Den Schwanz fixieren und Fieber messen

Der Schwanz ist eine besondere Körperregion, denn er verdeckt die Geschlechtsorgane des Hundes, an denen nicht jeder etwas zu suchen hat.

Rüden sind da noch etwas empfindlicher als Hündinnen. Dennoch sollte der Hund lernen, auch diese Region kontrollieren und behandeln zu lassen.

Voraussetzung für diese Übung ist das „Steh“. Lassen Sie Ihren Hund so stehen, dass er mit seiner Längsseite zu Ihnen zeigt. Hocken Sie sich hin und halten dem Hund mit der einen Hand ein schmackhaftes Leckerchen unter die Nase. Heben Sie seinen Schwanz hoch und geben ihm genau in diesem Moment das Leckerchen. Wiederholen Sie diese Übung häufig. Nach und nach halten Sie den Schwanz immer länger hoch. Wenn der Hund zappelt, ist es sinnvoll mit einer zweiten Person zu arbeiten, die vor dem Hund steht und ihm in schnellen Intervallen immer wieder ein Leckerchen zusteckt, während Sie am Schwanz manipulieren. Am besten ist auch hier wieder die Squeeze-Tube.

Wenn Sie damit anfangen, das Fieberthermometer in den After zu schieben, brauchen Sie in jedem Fall eine zweite Person und einen Hund, der die vorab beschriebene Übung schon ruhig und entspannt beherrscht. Des weiteren benötigen Sie ein Fieberthermometer. Beim Tierarzt gibt es Thermometer, die binnen 15 Sekunden die Körpertemperatur erfassen können. Dazu können Sie auch kleine Plastikhüllen erwerben, die Sie vor dem Benutzen über das Thermometer stecken. Diese Hüllen benutzt man aus hygienischen Gründen.

Ihre Hilfsperson steht vor dem Hund und Sie hocken wieder seitlich beziehungsweise am Hinterteil des Hundes. Die Hilfsperson beginnt

Vorn wird Orri mit der Squeeze-Tube gefüttert, während Tanja hinten den Schwanz hochhebt.

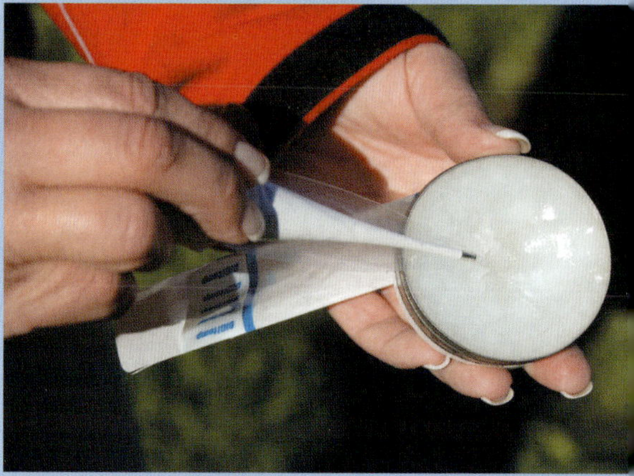

Das Thermometer wird vorher mit Vaseline eingerieben, damit es gut gleitet.

Im letzten Schritt übt man das Einführen des Thermometers, während Orri vorn gefüttert wird.

mit dem Füttern, gleichzeitig heben Sie den Schwanz hoch. Das Thermometer muss vorher mit Vaseline oder etwas Vergleichbarem eingerieben werden, damit es besser gleitet. Nun stecken Sie die Spitze des Thermometers in den After des Hundes und die Hilfsperson spricht beruhigend mit dem Hund. Nehmen Sie das Thermometer sofort wieder heraus und die Fütterung wird eingestellt. Nach und nach lassen Sie das Thermometer länger im After. Die Übung ist beendet, wenn der Hund die Prozedur 15 Sekunden erträgt.

Die Augen untersuchen

Dieses Training erfordert viel Geduld, weil man bei der Untersuchung der Augen dem Hund mit dem eigenen Gesicht sehr nahe kommen muss. Zudem schaut man den Hund dabei direkt an und das Anstarren empfindet der Hund meistens als Bedrohung.

Vorab ist es sinnvoll mit dem Hund das Anschauen auf Kommando zu üben. Hierbei lernt der Hund, Ihnen auf ein bestimmtes Hörzeichen hin in die Augen zu sehen. Halten Sie dem Hund ein Leckerchen direkt vor die Nase, führen Sie es dann nach oben und halten es dicht neben Ihr Auge. Der Hund wird dem Leckerchen mit seinem Blick folgen. Wenn der Hund mit seinem Blick den Ihren trifft, sagen Sie „Schau" (oder Ähnliches) und geben dem Hund das Leckerchen. Diese Übung wiederholen Sie häufig. Nach und

Julia hält das Leckerchen zwischen ihre Augen, Dano folgt dem Leckerchen mit seinem Blick und schaut Julia entspannt an.

nach warten Sie immer etwas länger, bis Sie dem Hund den Happen zustecken. Er muss also länger schauen, bevor er seine Belohnung bekommt.

Wenn Sie längere Zeit geübt haben, warten Sie einen Moment ab, bis Ihr Hund mit etwas ganz anderem beschäftigt ist. Geben Sie das Hörzeichen und warten Sie ab, ob Ihr Hund schon reagiert. Belohnen Sie ihn sofort, wenn er Sie auf das Hörzeichen hin anschaut.

Um die Augenuntersuchung zu üben, müssen Sie sich wieder ein paar sehr schmackhafte Leckerchen bereit legen und sich damit vorn neben Ihren Hund hocken. Halten Sie dem Hund mit

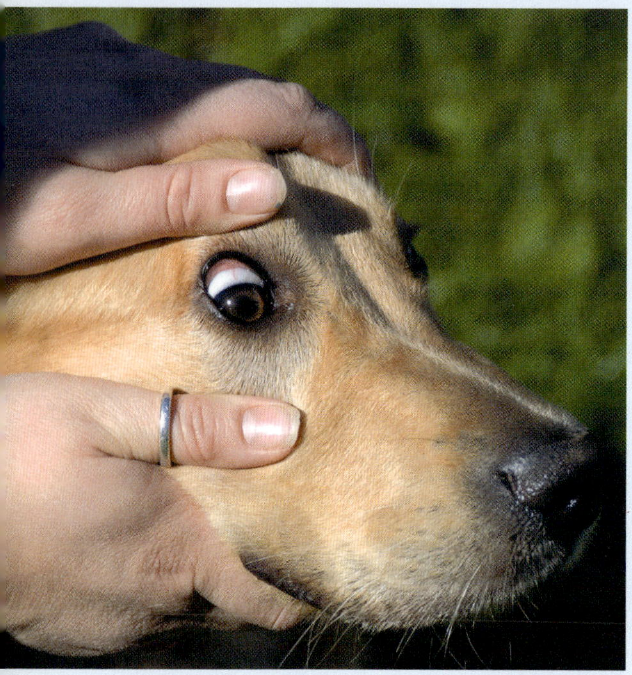

Hier werden beide Augenlider offen gehalten, so kann man gut das Weiße in den Augen sehen.

der linken Hand ein Leckerchen vor die Nase und ziehen Sie mit Ihrem rechten Daumen das untere Augenlid kurz nach unten, sodass man die Schleimhäute im Auge gut sehen kann. Genau in diesem Moment belohnen Sie den Hund und machen das Gleiche mit dem rechten Auge. Wiederholen Sie die Übung mehrmals und verlängern Sie die Zeit, in der das Lid nach unten gezogen wird. Halten Sie also das Augenlid eine Weile unten fest und belohnen Sie den Hund erst dann. Das Gleiche üben Sie mit den oberen Augenlidern. Danach gehen Sie dazu über, mit beiden Händen Ober- und Unterlid gleichzeitig auseinander zu halten, damit Sie richtig in das Auge schauen können.

Ist der Hund auch bei dieser Übung entspannt und wartet auf seine Belohnung, können Sie wieder einen Schritt weiter gehen. Nehmen Sie ein kleines Fläschchen oder eine Salbentube, die Augentropfen oder Augensalbe ähnlich sieht. Belohnen Sie den Hund immer dann, wenn Sie sich mit dem Behältnis dem Auge nähern. Nach und nach steigern Sie die Anforderungen und der Hund wird dabei immer wieder für ruhiges Verhalten belohnt. In der Apotheke, beim Tierarzt oder beim Optiker kann man kleine Fläschchen mit einer Kochsalzlösung bekommen. Die Kochsalzlösung kann ohne Nebenwirkungen in das Auge eingebracht werden. Kochsalz brennt und reizt nicht. Ein ideales Hilfsmittel zum Üben. Wenn Ihr Hund die Annäherung mit einem Fläschchen an das Auge toleriert, können Sie dazu übergehen einen Tropfen Kochsalz in das Auge zu träufeln. Am besten funktioniert es, wenn Sie Ihre rechte Hand mit dem Handrücken auf den Kopf über das Auge legen. Das Fläschchen sollten Sie dabei zwischen Daumen, Zeigefinger und Mittelfinger halten. Mit der linken Hand ziehen Sie nun das untere Augenlid nach unten. Halten Sie den Kopf des Hundes dabei leicht nach oben, so ist es leichter einen Tropfen in das Auge zu bringen. Wenn Sie diese Haltung eingenommen haben, können Sie von oben einen Tropfen in das Auge fallen lassen. Belohnen Sie den Hund danach sofort und wiederholen Sie die Übung. Salbe kann man am besten in den Bindehautsack einbringen, indem man ein bisschen Salbe auf den rechten Zeigefinger gibt (die Hand sollte sauber sein). Benutzen Sie wieder die lin-

Mit der linken Hand wird Novas Kopf leicht nach oben gehalten. Die rechte Hand wird mit dem Handrücken auf den Kopf gelegt, so sieht der Hund die Flasche nicht und fühlt sich weniger bedroht.

ke Hand, um das untere Augenlid ein wenig nach unten zu ziehen. Nun bringen Sie die Salbe auf Ihrem Zeigefinger in den Bindehautsack ein. Wenn Sie das Prozedere mit der Salbe üben wollen, können Sie den Vorgang mit dem Zeigefinger einfach ohne Salbe üben und den Hund anschließend belohnen. So lernt er den Vorgang als positiv kennen und wenn Sie wirklich einmal Salbe ins Auge geben müssen, ist das Prozedere dem Hund nicht fremd.

Eine Halskrause tragen

Eine Halskrause wird notwendig, wenn der Hund operiert wurde und nicht an die Wunde gelangen darf. Es liegt in der Natur des Hundes eine Wunde zu belecken. In der Mundhöhle des Hundes befinden sich allerdings sehr viele Keime, die dafür sorgen, dass sich die Wunde entzündet. Hat man dem Hund beigebracht eine Halskrause als etwas Positives anzusehen, hat er weniger Stress mit dem Tragen und Sie haben wesentlich ruhigere Nächte, falls Ihr Hund einmal operiert werden muss.

Eine Halskrause kann man sich beim Tierarzt kaufen oder ausleihen. Achten Sie auf die richtige Größe. Ihr Tierarzt hilft Ihnen bei der Auswahl. Legen Sie die noch geöffnete Halskrause auf den Boden und verteilen Sie eine Hand voll Leckerchen darauf, die der Hund fressen darf. Wiederholen Sie diese Übung ein paar Mal. Jetzt nehmen Sie die geöffnete Halskrause, legen wieder ein Leckerchen darauf und halten die Halskrause dem Hund in Kopfhöhe hin. Diese Übung wird auch wiederholt. Gehen Sie langsam immer näher mit der Krause in Richtung Hundehals. Wenn auch diese Übung gut klappt, legen Sie die Krause um den Hundekopf, ohne sie zu verschließen. Halten Sie die Krause einfach mit den Fingern zusammen und füttern wieder einige Leckerchen. Üben Sie wieder so oft, bis der Hund entspannt ist. Danach verschließen Sie den Kragen und lenken den Hund über die Belohnung ab. Sie können auch ein Spielzeug zum Ablenken verwenden, denken Sie aber daran, dass der Hund jetzt eingeschränkt ist. Spielen Sie so, dass der Hund das Spielzeug mit der Schnauze noch erwischen kann. Gut geeignet wäre hier ein Ziehspiel.

Wenn der Hund die Halskrause gut toleriert, legen Sie ihm diese an und beginnen das Laufen damit zu üben. Der Hund muss lernen, um Gegenstände einen größeren Bogen zu machen, damit er nirgends anstößt. Locken Sie den Hund mit einem Leckerchen erst einmal nur geradeaus. Wenn das gut funktioniert und der Hund ent-

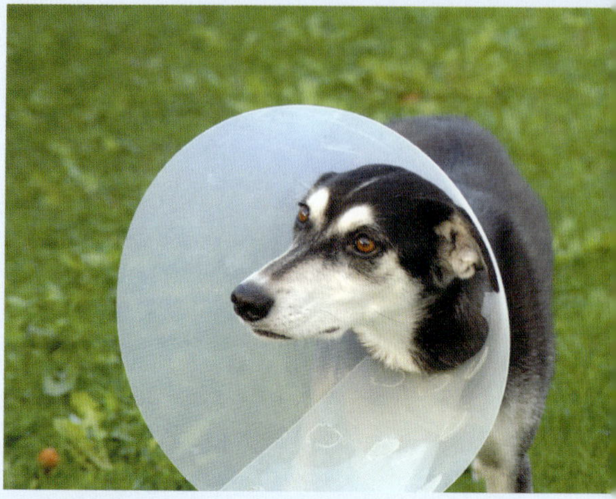

Eine herkömmliche Halskrause. Die Hunde stoßen beim Gehen durch Türen häufig an. Fressen und Trinken ist fast unmöglich und das Sichtfeld ist stark eingeschränkt. Smilla zeigt hier deutlich, dass sie sich unwohl fühlt.

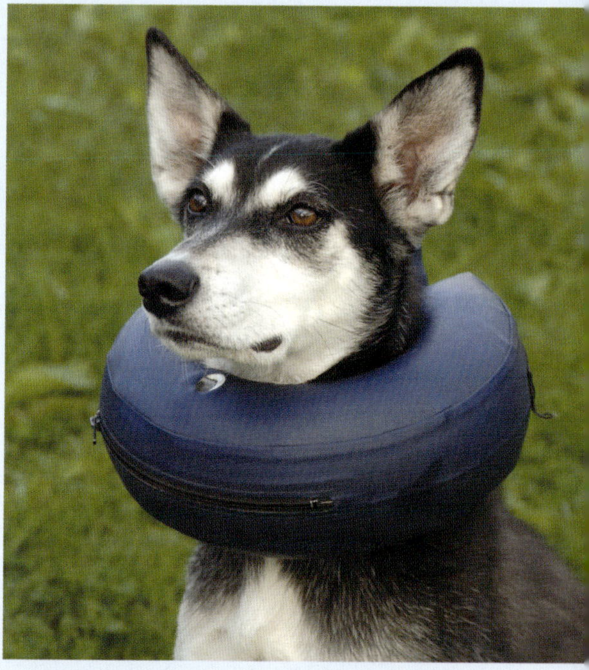

Eine neue Halskrause, die auf den Markt gekommen ist, ermöglicht dem Hund ein nahezu uneingeschränktes Leben in der Zeit nach der Operation. Fressen und Trinken ist möglich, sogar kleine Spielchen mit dem Besitzer. Der Kragen besteht aus einem mit Luft gefüllten Schlauch mit einem waschbaren Bezug.

Dieser Halskragen streckt den Kopf (hält die Halswirbel gerade) und verhindert so das Erreichen der Wunde. Auch hier ist der Hund trotz freien Sichtfelds sehr stark eingeschränkt.

spannt mitläuft, bauen Sie die ersten Slaloms um Gegenstände herum ein. Später üben Sie in der Wohnung, wo es mit den Möbeln doch meistens sehr eng ist. Verlängern Sie nach und nach das Tragen der Krause und bauen Sie die Belohnung Schritt für Schritt ab.

Medikamente eingeben

Viele Hundehalter klagen beim Tierarzt darüber, dass sie verschriebene Medikamente nicht eingeben können, weil der Hund diese Prozedur nicht gelernt hat. Die Hunde sortieren die in Leberwurst versteckte Tablette heraus und der Besitzer steht wieder vor dem gleichen Problem. Dadurch kann aber eine erfolgreiche Behandlung beeinträchtigt werden.

Tabletten schlau verpackt

Vielen Tierhaltern ist es nicht möglich, ihrem Schützling eine Tablette zu verabreichen. Die Hunde schaffen es immer wieder, das Medikament auszusortieren, oder verweigern das Fressen dann ganz. In so einer Situation ist der Hundehalter machtlos. Nachstehende Methoden haben engagierte Besitzer ausprobiert und beim Besuch in der Praxis darüber berichtet. Die nachfolgend genannten Tricks haben sich als sehr erfolgreich bewährt:

- Tabletten in Schmierwurst verpacken, zu einer Kugel formen und im Gefrierfach einfrieren. Dadurch verliert die Tablette ihren typischen Geruch und der Geschmack ist nicht mehr so intensiv.
- Tabletten in einen kleinen runden Käse stecken.
- Scheibletten (Käsescheiben speziell zum Überbacken) einen Moment bei Zimmertemperatur liegen lassen. Der Käse wird sehr schnell weich und die Medikamente lassen sich wunderbar darin verstecken.
- Medikament mit Malzpaste servieren.
- Tabletten in Nassfutter versenken (nur wenig Futter geben, damit alles gefressen wird).
- Tabletten mit Tunfisch verabreichen.
- Tabletten in Honig verstecken.
- Tabletten in ein Stück Fleischwurst stecken.

Es ist sehr hilfreich, wenn der Hund nicht sieht, dass Sie mit den Medikamenten hantieren. Präparieren Sie die Lebensmittel, wenn Ihr Hund nicht anwesend ist. Geben Sie ihm das präparierte Lebensmittel nie sofort. Bereiten Sie beispielsweise mehrere Schmierwurstkugeln vor, die Sie

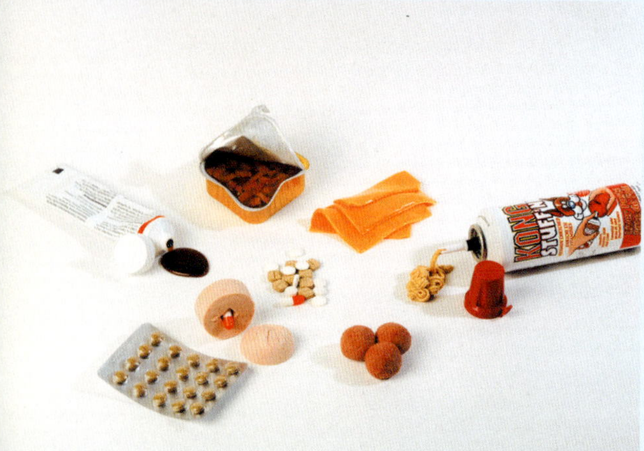

Möglichkeiten für die „Verpackung" von Medikamenten

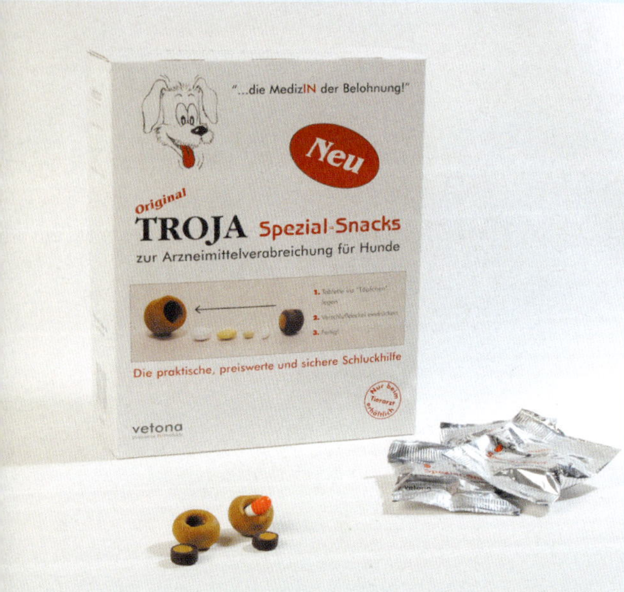

Schluckhilfe für Hunde

einfrieren, und bieten Sie die präparierte Kugel erst als dritte oder vierte Kugel an. Für die Verabreichung von Tabletten gibt es auch spezielle so genannte „Pilleneingeber".

Große Probleme beim Verabreichen bereiten auch Medikamente in Form von Kapseln, da diese häufig sehr groß sind. In den Kapseln befindet sich entweder Pulver oder Flüssigkeit. Öffnen Sie die Kapsel und verpacken Sie den Inhalt beispielsweise in Katzennassfutter. Der Hund sollte außerdem nüchtern sein, insbesondere dann, wenn es sich um einen empfindlichen Hund handelt. So erhöhen Sie die Chance, dass er das Medikament mit dem Futter aufnimmt. Sie müssen allerdings darauf achten, ob ein Medikament auf nüchternen Magen gegeben werden darf.

Eine gute Verpackung für Medikamente sind die Troja Snacks der Firma Vetona. Der Snack ist aufgebaut wie ein kleines Döschen mit Deckel. Das Medikament wird in den Snack gesteckt und dieser mit dem Deckel verschlossen. Die Snacks haben einen starken Geruch, den Hunde besonders mögen und die in den meisten Fällen den Geruch des Medikaments überdeckt.

Eingabe von flüssigen Medikamenten

Hierzu benötigen Sie eine einfache Einwegspritze. Diese bekommen Sie in der Apotheke oder beim Tierarzt. Füllen Sie Honig, Jogurt, Quark, Brühe oder Ähnliches hinein. Lassen Sie den Hund an der Spritze schnuppern und drücken Sie ein wenig von dem Inhalt heraus. Der Hund wird schnell merken, dass es sich um etwas Genießbares handelt und weiter an der Spritze „nuckeln". Wiederholen Sie die Übung mehrmals.

Im nächsten Schritt gehen Sie dazu über, dem Hund die Leckerei mit dem Schnauzengriff einzugeben. So wird die Zwangsmaßnahme für den

Nova leckt freiwillig an der Spritze, um an den Inhalt zu gelangen.

Hund zu etwas Positivem, weil der Inhalt zunächst gut schmeckt. Wenn Sie nun einmal ein flüssiges Medikament oder eine Wurmpaste eingeben müssen, gehen Sie auf die gleiche Weise vor. Danach müssen Sie allerdings wieder häufig etwas Leckeres aus der Spritze eingeben, damit die positiven Erlebnisse der Eingabe überwiegen.

Bei einigen Erkrankungen kann das Verabreichen von Tee sinnvoll sein. Wenn Hunde aufgrund von Zahnfehlstellungen eine Zahnspange (Stell-

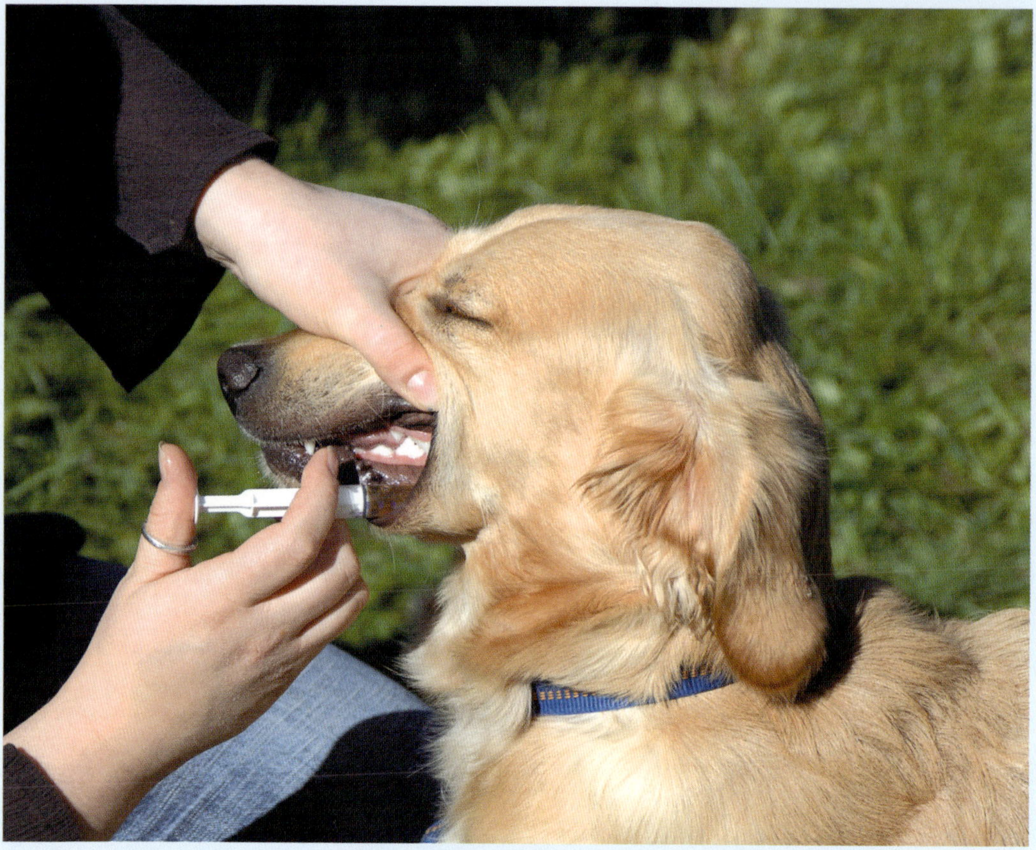

Hier ist der Schnauzengriff erforderlich, um die Lefzen hoch zu halten. Die Spritze mit dem flüssigen Medikament wird dann im Bereich der hinteren Backenzähne angesetzt und langsam in die Backentasche gegeben.

schraube) tragen müssen, kommt es häufig zu Entzündungen in der Maulhöhle, weil die Futterreste unter der Spange hängen bleiben. Hier eignet sich das Verabreichen von Kamillentee sehr gut. Allerdings trinken die wenigsten Hunde gern Kamillentee. Wenn man den Tee mit einem guten Schuss Honig versetzt oder ein wenig Nassfutter in den Tee gibt, nehmen die meisten Hunde ihn sehr gern an. So kann man mit den verschiedensten Teesorten verfahren und kleine Wehwehchen selbst in den Griff bekommen.

Eingabe von Tabletten

Wenn Sie das Eingeben üben möchten, brauchen Sie einen Tablettenersatz. Hierzu eignen sich kleine Bällchen, die Sie aus Schmierwurst geformt und eingefroren haben. Geben Sie dem Hund immer mal wieder so ein Bällchen zum Lutschen. Wenn der Hund die Gabe von Tabletten verordnet bekommt, können Sie die Tablette in ein Bällchen stecken und beides zusammen einfrieren. So verlieren die Tabletten ihren Eigengeruch. Da der Hund die gefrorenen Bällchen

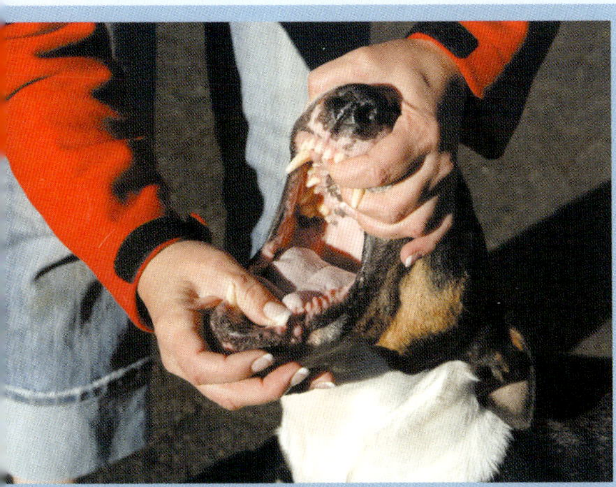

Der Hund sollte lernen, sein Maul möglichst weit öffnen zu lassen.

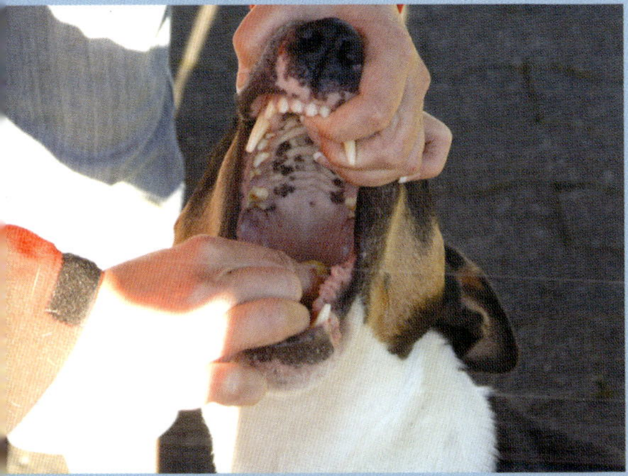

Die Tablette sollte man sehr weit nach hinten in den Rachen stecken.

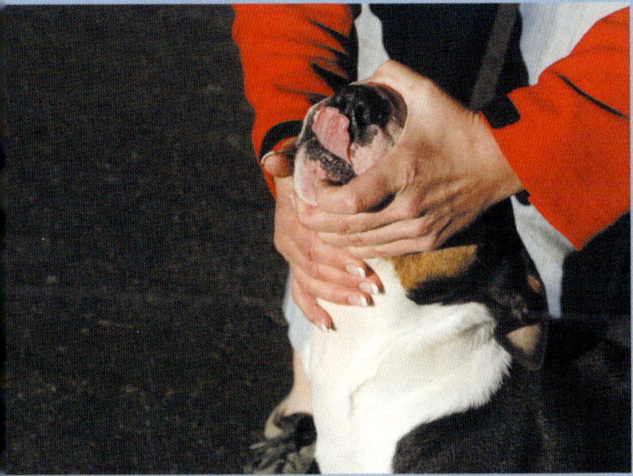

Sobald die Tablette in den Rachen gesteckt ist, wird die Schnauze kurz zugehalten und der Hals im Bereich des Kehlkopfes massiert, bis der Hund geschluckt hat.

schon kennt, wird er nicht misstrauisch werden und seine Medikamente regelmäßig einnehmen.

Haben Sie einen Hund, der auch diesen Trick durchschaut, können Sie wie auf der Abbildung gezeigt vorgehen. Voraussetzung ist das Üben des Schnauzengriffs. Beim Üben sollten Sie statt einer Tablette leckeres Futter, Fleischwurststückchen oder Ähnliches verwenden. So lernt der Hund, dass Sie etwas Leckeres in sein Maul stecken, wenn Sie diese Zwangsmaßnahme anwenden.

Zecken entfernen

Viele Hundehalter haben Probleme beim Entfernen von Zecken. Meistens hält der Hund nicht lange genug still und das hat oft zur Folge, dass der Zeckenkörper vom Kopf der Zecke abgetrennt wird. Der Tierarzt muss dann den festsitzenden Kopf entfernen, damit sich die Stelle nicht entzündet. Zecken finden sich oft im Bereich des Kopfes oder der Genitalien. Das erschwert das Entfernen, da der Hund sich nicht gern in diesen Bereichen anfassen lässt.

Da Zecken meist nur von April bis Oktober aktiv sind, sollte man mit dem Hund in der kälteren Jahreszeit üben, um einen Trainingserfolg zu erzielen. Beginnen Sie damit, den Hund ruhig sitzen zu lassen. Nehmen Sie ein Leckerchen und geben dem Hund das Hörzeichen „Sitz", belohnen ihn sofort und wiederholen die Übung mehrmals. Im nächsten Schritt geben Sie das Hörzeichen „Sitz“ und halten das Leckerchen in Hundekopfhöhe fest, sodass der Hund es Ihnen nicht wegschnappen kann. Die meisten Hunde versuchen durch Pfotegeben oder Anstupsen der Hand an das Leckerchen zu gelangen. Halten Sie es so lange fest, bis der Hund einen Moment ruhig sitzt. Dafür wird er dann sofort belohnt. Wiederholen Sie auch diese Übung mehrmals.

Jetzt beginnen Sie damit, ein bestimmtes Hörzeichen wie zum Beispiel „Sitz ruhig“ einzuführen und dabei die Gabe des Leckerchens immer weiter herauszuzögern. So lernt der Hund, dass er auf dieses Hörzeichen hin einfach nur eine längere Zeit ruhig sitzen bleiben muss, bevor er belohnt wird. Haben Sie dieses Training erfolgreich abgeschlossen, gehen Sie zum nächsten Schritt über. Besorgen Sie sich im Fachhandel oder beim Tierarzt eine Zeckenzange. Geben Sie Ihrem Hund das neu gelernte Hörzeichen und halten ihm die Zange vor die Nase. Lassen Sie ihn daran schnuppern und belohnen Sie ihn. wenn er weiterhin ruhig sitzt und sich nicht mehr für die Zeckenzange interessiert. Wiederholen Sie die Übung. Nach und nach nähern Sie sich mit der Zange immer weiter und der Hund wird für ruhiges Sitzen belohnt.

Berühren Sie mit der Zange verschiedene Körperstellen und halten Sie die Zange einen Moment an der jeweiligen Stelle fest. Immer wieder wird der Hund belohnt, wenn er weiterhin ruhig sitzen bleibt. Im letzten Schritt benutzen Sie beide Hände und täuschen vor, eine Zecke zu entfernen. Falls Sie das noch nicht beherrschen, lassen Sie sich vom Tierarzt diese Handhabung zeigen. Da Zecken über eine Hautatmung verfügen, darf man vor dem Entfernen kein Öl auf der Zecke verteilen. Denn die Zecke gerät dadurch in Panik und speichelt in die Wunde, dabei kann sie Erreger abgeben, die eine gefährliche Krankheit auslösen können.

Nehmen Sie unterhalb der Zecke die Haut des Hundes zwischen die Finger. So haben Sie einen sicheren Griff, falls der Hund doch einmal eine Abwehrbewegung macht.

Ergreifen Sie die Zecke genau da, wo der Kopf in die Haut übergeht.

Pfoten anfassen – fixieren – abtrocknen

Viele Hunde tolerieren es nicht, dass man ihre Pfoten anfasst oder gar hochhebt. Das geeignete Training kann hier Abhilfe schaffen. Voraussetzung für diese Übung ist das Hörzeichen „Steh".

Bringen Sie Ihren Hund in die stehende Position und hocken Sie sich neben ihn. Beginnen Sie mit einer der vorderen Pfoten. Halten Sie dem Hund mit einer Hand ein Leckerchen vor die Nase und streichen mit der anderen flachen Hand von der Schulter angefangen das Bein hinunter. Unten angekommen geben Sie das Leckerchen frei, während sich Ihre Hand noch am Bein befindet. Jede Übung wiederholen Sie mehrmals an allen vier Beinen.

Gehen Sie erst zum nächsten Schritt über, wenn der Hund die Übung entspannt erträgt. Dann umfassen Sie mit der Hand die Pfote des Hundes und üben leichten Druck aus. Belohnen Sie den Hund und wiederholen Sie die Übung. Heben Sie die Pfote kurz hoch und belohnen den Hund, während Sie die Pfote hochhalten. Sie wollen ihn ja für das Hochhalten und nicht für das Absetzen belohnen. Wiederholen Sie die Übung auch mit den anderen Pfoten und gehen erst einen Schritt weiter, wenn der Hund entspannt ist. Im nächsten Schritt halten Sie die Pfote hoch und bewegen sie kurz hin und her, als ob Sie diese untersuchen wollten. Belohnen Sie den Hund und wiederholen Sie die Übung.

Verlängern Sie die Zeit des Hochhaltens und des Fixierens, zögern Sie dabei die Belohnung heraus. Bleibt der Hund entspannt stehen, begin-

Tanja belohnt Orri, während sie die Pfote hochhält.

Tanja zieht das Hinterbein nach hinten und ahmt so eine Untersuchung nach. Währenddessen wird der Hund belohnt.

Ist der Hund bei den vorherigen Übungen entspannt, kommt das Handtuch ins Spiel.

nen Sie ein Handtuch ins Spiel zu bringen. Nehmen Sie die Pfote und rubbeln kurz mit dem Handtuch darüber. Belohnen Sie den Hund, während Sie mit dem Handtuch rubbeln. Auch hier wieder nach und nach die Zeit verlängern und die Belohnung herauszögern. Verfahren Sie genauso mit dem Bauch des Hundes, denn auch der ist oft schmutzig und nass nach einem Spaziergang bei ungemütlichem Wetter.

Tragen eines Hundeschuhs (Bootie)

Das Tragen eines Hundeschuhs kann auch eine sinnvolle Hilfe sein. Bei Pfotenverletzungen, die nicht so schlimm sind, dass sie das Tragen eines Verbandes erfordern, eignet sich wunderbar ein Hundeschuh. So gelangt Luft an die Wunde und die Pfote wird vor Feuchtigkeit geschützt. Außerdem verhindert der Schuh das Lecken an der Wunde. Im Winter schützen die Schuhe vor Salz. Allerdings muss der Hund dann daran gewöhnt sein, vier Schuhe auf einmal zu tragen. Dass so etwas möglich ist, beweisen die Schlittenhunde. Huskys tragen vier so genannte Booties, wenn die Schneeverhältnisse den Pfoten bei der außergewöhnlichen Belastung schaden würden.

Hundeschuhe gibt es aus den unterschiedlichsten Materialien und in den verschiedensten Ausführungen. Welchen Schuh Sie auswählen, bleibt Ihnen überlassen. Es ist aber wichtig, dass er passt. Nehmen Sie den Hund mit, um den richtigen Hundeschuh zu bekommen.

Das Tragen selbst des optisch schönsten Hundeschuhs muss jedoch geübt werden. Es gibt Hunde, die nicht mehr laufen, wenn sie einen Hundeschuh tragen, oder wild mit der Pfote schütteln, um den Fremdkörper loszuwerden.

Im ersten Schritt wird das Annähern mit dem Fremdkörper an den Hund geübt. Dem Hund wird ein attraktiver Leckerbissen vor die Nase gehalten, während mit der anderen Hand der Hundeschuh Richtung Pfoten geführt wird. Sobald Sie mit dem Schuh eine der vorderen Pfoten berühren, bekommt der Hund das vorher in Aussicht gestellte Leckerchen. Nach einigen Wiederholungen wird der Schuh angezogen und dem Hund werden sofort in regelmäßigen, kurzen Intervallen Leckerchen gegeben. Die Intervalle werden nach und nach vergrößert. Wenn der Hund den Schuh gut toleriert, beginnen Sie das Laufen zu üben. Der Hund wird mit einem Leckerchen vor der Nase einen Schritt gelockt und

Im ersten Schritt wird nur das Annähern und die Berührung mit dem Hundeschuh an die Pfote geübt.

Im zweiten Schritt wird der Schuh angezogen und der Hund wird konstant gefüttert.

Zum Schluss muss das Laufen mit dem Schuh geübt werden.

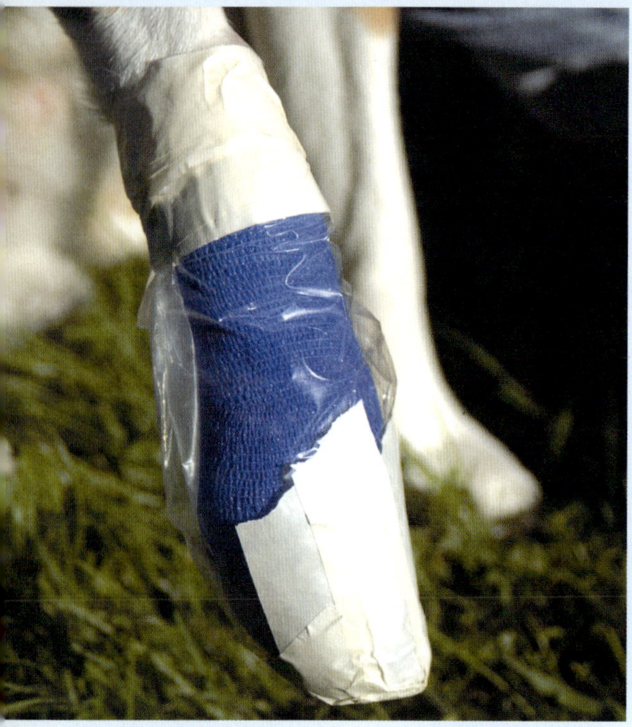

Die Tüte hält über dem Verband, wenn man Leukoplast darum wickelt. Eine Sohle muss geklebt werden, um das Ausrutschen zu verhindern.

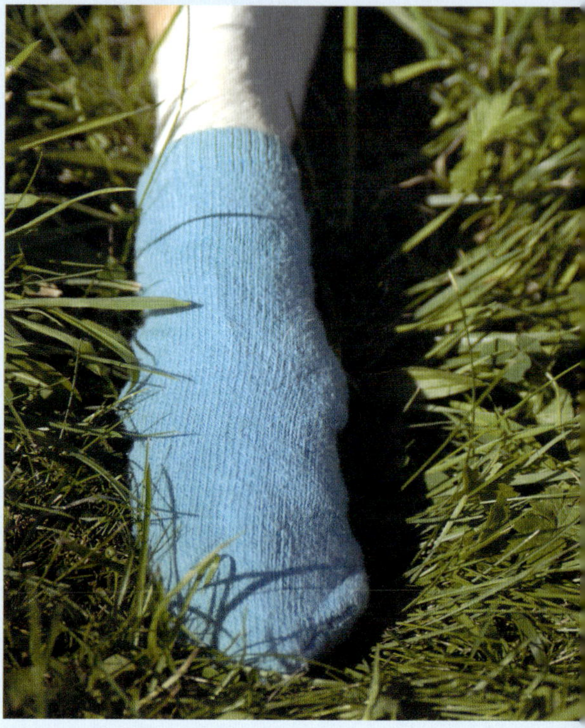

Hier trägt der Hund ein Kindersöckchen mit Gumminoppen, die das Ausrutschen verhindern.

sofort damit belohnt. Dann folgen zwei Schritte, drei, vier und so weiter. Klappt auch das gut, lassen Sie den Hund mit dem angezogenen Schuh in einiger Entfernung zu Ihnen sitzen. Rufen Sie ihn über die Distanz ab und belohnen ihn, sobald er bei Ihnen angekommen ist. Wenn Sie diese Übung häufig wiederholt haben, können Sie dem Hund den Schuh auch mal auf dem Spaziergang anziehen. Lenken Sie den Hund am Anfang mit einem schönen Spiel ab. Mit der Zeit werden die Ablenkungen immer weniger, bis der Hund es selbstverständlich findet einen Schuh zu tragen. Es ist wichtig, das Tragen an allen vier Pfoten zu üben.

Über das Tragen von Pfotenverbänden sollte man auch einiges wissen. Verbände werden in der Regel alle zwei Tage gewechselt, da der Hund Schweißdrüsen an den Pfoten hat und die Gefahr von wunden Stellen durch das Schwitzen groß ist. Muss der Hund einen Verband während der nassen Jahreszeit tragen, sollte man beim Spaziergang vermeiden, dass er nass wird. Nehmen Sie einfach einen Gefrierbeutel und ziehen Sie diesen über den Verband. Kleben Sie oben um den Beutel ein Stück Leukoplast und ein Stück als Sohle für den Regenschutz, damit der Hund nicht mit der glatten Plastiktüte ausrutscht.

Hat man einen Hund, der ständig am Verband leckt oder diesen anknabbert, kann man versuchen, dem Hund eine ausrangierte Tennissocke über den Verband zu ziehen. Die Tennissocke wird ebenfalls mit Leukoplast befestigt. Eine Sohle ist meistens nicht nötig. Wenn auch die Tennissocke nichts hilft, kann man es mit einem Hundeschuh aus Neopren probieren. Dieser muss allerdings in einer größeren Größe gekauft werden, weil er sonst nicht über den Verband passt. Bei kleineren Verletzungen oder wunden Pfoten kann man das Lecken auch durch das Überziehen eines kleinen Kindersöckchens vermeiden.

Beim Feilen sollte die Kralle so gehalten werden, dass sie sich nicht hin und her bewegt, da es für den Hund unangenehm sein kann.

Krallen kürzen

Das Krallenkürzen empfinden Hunde als sehr unangenehm. Die Pfoten sind ohnehin schon ein sehr empfindlicher Bereich. Viele Krallen haben eine dunkle Färbung, sodass man das Blutgefäß nicht erkennen kann. Verletzt man ein Blutgefäß beim Kürzen der Kralle, kann es zu massiven Blutungen führen, die man ohne ein Blut stillendes Mittel nur schwer stillen kann. Bei den hell gefärbten Krallen kann man das rote Blutgefäß hingegen sehr gut erkennen und beim Kürzen darauf achten, dass man zu diesem einen Abstand von ein bis zwei Millimetern einhält.

Wenn Sie Ihrem Hund die Krallen kürzen möchten, sich aber nicht trauen sie zu schneiden, besorgen Sie sich dafür einfach im Drogeriemarkt oder in einem Nagelstudio eine breite, grobe Nagelfeile für künstliche Fingernägel. Voraussetzung für diese Übung sind das Legen auf die Seite und Festhalten der Pfoten. Legen Sie Ihren Hund auf die Seite und halten die Kralle, die Sie kürzen möchten, mit dem Daumen und dem Zeigefinger der linken Hand fest. Jetzt können Sie bequem mit der rechten Hand auf die gewünschte Länge feilen. Diese Vorgehensweise eignet sich besonders für ältere Hunde, die solche Behandlungen nicht gelernt haben.

Zum Schneiden der Krallen müssen Sie sich im Fachhandel eine geeignete, scharfe Krallenschere besorgen. Voraussetzungen auch für diese Übung sind das Legen auf die Seite und Festhalten der

Pfote. Bringen Sie den Hund in die seitliche Position und nähern Sie sich mit der Krallenschere der Pfote. Belohnen Sie Ihren Hund, wenn er liegen bleibt. Wiederholen Sie die Übung mehrmals, bis der Hund dabei entspannt bleibt. Im nächsten Schritt berühren Sie mit der Krallenschere die Pfote des Hundes und belohnen ihn wieder für ruhiges Liegenbleiben, noch während Sie die Pfote mit der Krallenschere berühren. Wiederholen Sie die Übung mehrmals, bis der Hund dabei entspannt bleibt. Beim nächsten Schritt umgreifen Sie mit der Schere die Kralle und üben einen leichten Druck aus, aber noch ohne die Kralle dabei zu kürzen. Wieder belohnen Sie für ruhiges Verhalten. Wiederholen Sie die Übung an allen vier Pfoten so lange, bis der Hund wieder entspannt ist. Beim letzten Schritt kürzen Sie die erste Kralle und führen danach einen richtigen Freudentanz auf, um den Hund vom Geschehenen abzulenken. Belohnung nicht vergessen! So verfahren Sie dann mit allen Krallen. In den nächsten Schritten belohnen Sie nur noch nach jeder zweiten Kralle, dann nach jeder dritten und so weiter. Reduzieren Sie auch Ihren Freudentanz wieder auf ein normales Maß.

Boxentraining

Den Hund daran zu gewöhnen, sich in einer Hundebox wohl zu fühlen, hat viele Vorteile. Ein Welpe fühlt sich in einer Box am Anfang sehr sicher und kann so Schritt für Schritt an das Alleinsein gewöhnt werden. Die Box ist sehr praktisch beim Sauberkeitstraining und eine schöne Hilfe beim Training gegen Trennungsangst. Aber auch mit dem Tierarzttraining hat die Box etwas zu tun. Wenn der Hund operiert werden muss oder einmal stark erkrankt, sodass ein Klinikaufenthalt notwendig wird, wird der Hund in der Regel in der Klinik in einer Box untergebracht. Wenn der Hund gelernt hat, sich in einer Box sicher und wohl zu fühlen, wird ihm der Aufenthalt in der Klinikbox weniger Schwierigkeiten bereiten.

Die Box oder ein Zimmerzwinger muss so beschaffen sein, dass der Hund aufrecht darin stehen, ausgestreckt liegen und sich darin umdrehen kann. Es gibt nämlich viele verschiedene Boxen, die man im Fachhandel erwerben kann:

- Transport- oder Flugboxen

  Diese Boxen sind von allen Seiten blickdicht und haben vorn eine Gittertür zum Verschließen. Sie eignen sich besonders für sehr ängstliche Hunde, da die Tiere in dieser Box nur einen Ausgang beobachten müssen und sich so sicherer fühlen.
- Zimmerzwinger

  Diese Zwinger sind aus einem leichten Gittergeflecht. Der Boden besteht aus einer Metallplatte. Der Vorteil ist, dass dieser Käfig zusammenklappbar und somit transportabel ist und sich im Auto und auf Reisen eignet.
- Boxen aus Holz (kann man auch wunderbar selber bauen)

  Die Boxen sind rundherum geschlossen und haben entweder große Luftlöcher oder ausgeschnittene Fenster, die mit Gitter oder Plexiglas verschlossen sind, und verfügen über eine stabile Gittertür.

Sie können für das Training aber auch einen alten Kinderlaufstall oder Ähnliches verwenden.

Wenn Sie sich für eine Box entschieden haben, stellen Sie diese in einen Raum, in dem Sie sich oft aufhalten. Lassen Sie Ihren Hund das neue Möbelstück erst einmal in Ruhe begutachten. Achten Sie aber darauf, dass er keine negativen Erfahrungen mit der Box macht, zum Beispiel weil die Tür auf- und zuklappt und der Hund sich davor erschreckt oder auf die Box klettert und herunterfällt beziehungsweise mit der kompletten Box umfällt.

Dann richten Sie die Box gemütlich ein. Verwenden Sie dafür die Lieblingsdecke Ihres Hundes, Spielzeuge, einen ausrangierten Pullover von Ihnen und Ähnliches. Zu Beginn wird die Tür der Box ausgehängt oder festgebunden. Bei sehr ängstlichen Hunden sollte man eine Box wählen, bei der man das Dach abnehmen kann, damit das Hineingehen leichter fällt und die Box nicht so bedrohlich wirkt.

Nun fangen Sie zunächst an, Ihren Hund immer in der Box füttern. Jede seiner Hauptmahlzeiten nimmt er von nun an in der Box zu sich. Wenn der Hund ohne zu zögern und angstfrei in der Box frisst, erhält er zwischen den Fütterungszeiten in der Box zum Beispiel einen Kauknochen oder ein interessantes Spielzeug.

Wenn Ihr Hund gern spielt, eignet sich folgendes Spiel sehr gut zum Üben:

Werfen Sie einen Ball in die Box und lassen sich den Ball aus der Box heraus apportieren. Wenn der Hund den Ball aus der Box zu Ihnen bringt, geben Sie ihm im Austausch ein Leckerchen dafür.

Das Dach der Box wurde zunächst abgenommen und Boogie benutzt die Box angstfrei als Körbchen.

Boogie wird in der Box gefüttert, die Tür wurde aber erst einmal ausgehängt.

Frisst der Hund angstfrei in der Box, kann man Apportierspiele einbauen. Hier wird ein Futterbeutel in die Box geworfen.

Boogie holt den Beutel angstfrei aus der Box heraus.

Boogie bringt den Beutel und wird daraus belohnt.

Nach gutem Training bleibt der Hund entspannt in der Box, auch wenn die Tür verschlossen wird.

Wenn auch diese Übung angstfrei funktioniert, fangen Sie an beim Füttern die Boxentür kurz zu verschließen, niemals aber so lange, dass der Hund in Panik oder Angst gerät. Meistens benutzen die Tiere nach sehr kurzer Zeit die Box schon dazu, um sich dort am Tage zurückzuziehen oder nachts darin zu schlafen.

Ab jetzt können Sie die Zeiten, in der die Tür verschlossen wird, Schritt für Schritt verlängern.

Als Nächstes verlassen Sie den Raum für kurze Zeit, wenn sich der Hund in der verschlossenen Box befindet. Vergessen Sie dabei aber nie, dem Hund in der Box etwas zur Beschäftigung zu geben. Wenn Sie nach kurzer Abwesenheit zurückkommen, wird der Hund überschwänglich gelobt, allerdings nur dann, wenn er sich ruhig verhalten hat.

Tolerieren bedrohlicher Körpersprache des Menschen

Häufig kommt es zu Beißunfällen, weil dem Menschen nicht bewusst ist, dass der Hund viele Gesten unserer Körpersprache als bedrohlich empfindet. Hunde sprechen eben eine andere Sprache als wir Menschen und sie haben nur die Möglichkeit, sich wie ein Hund zu verhalten. Wir hingegen können unsere Körpersprache auf die des Hundes abstimmen oder unserem Hund beibringen, die menschliche Körpersprache nicht als Bedrohung zu empfinden.

Hier einige Beispiele für Situationen bei denen es häufig zu Missverständnissen kommt:

- direkt in die Augen schauen
- überbeugen
- von oben auf den Kopf fassen
- erstarrt vor dem Hund stehen oder eine ängstliche Körperhaltung ihm gegenüber zeigen

Die nachfolgenden Trainingsschritte richten sich an Halter von Junghunden und Welpen. Hundehalter, deren Tiere negative Erfahrungen mit dem Menschen gemacht haben oder auf Menschen aggressiv reagieren, sollten die nachstehenden Trainingsschritte nur unter fachkundiger Anleitung durchführen, um Verletzungen oder eine Verstärkung des Problems zu vermeiden.

Üben Sie das direkte Anschauen, ist es wichtig, dass der Hund es mit etwas Positivem verbindet. Nehmen Sie dazu ein besonders begehrtes Leckerchen in die Hand und halten es dem Hund so vor die Nase, dass er es Ihnen nicht wegschnappen kann. Sie stehen möglichst aufrecht und führen jetzt das Leckerchen von der Hundenase weg in Richtung Gesicht und halten es dann, für den Hund sichtbar, neben Ihre Augen. Lassen Sie das Leckerchen nur einige Sekunden neben Ihren Augen, denn der Hund wird zu Beginn noch nicht sehr lange diese Position halten, da er ja aus dem „Hundeknigge“ weiß, dass dieses Verhalten nicht höflich ist. Zählen Sie leise bis zwei und geben dem Hund dann ganz schnell seine Belohnung, noch bevor er wieder weggeschaut hat. Sollte der Hund weggeschaut haben, bevor Sie das Leckerchen geben

Julia hält das Leckerchen in der Nähe des Bauches, während sie sich über den Hund beugt.

konnten, haben Sie zu lange gewartet. In diesem Fall geben Sie das Leckerchen nicht und wiederholen die Übung noch einmal, warten diesmal aber nicht so lange.

Die Übung sollte oft am Tag wiederholt werden, allerdings immer nur für wenige Minuten. Nach einigen Trainingseinheiten können Sie dazu übergehen leichte Ablenkung ins Spiel zu bringen. Noch sollten Sie keine Personen oder andere Hunde als Ablenkung nehmen. Suchen Sie Situationen, wo Menschen sind oder Geräusche vorkommen, aber nicht in der direkten Nähe. Üben Sie wie oben schon beschrieben. Sie können dabei auch eine Geräusch-CD einsetzen. Nach und nach wird der Hund in der Lage sein, Sie immer länger anzuschauen. Wenn auch das gut klappt, können Sie noch mehr Ablenkungen ins Spiel bringen.

Petra lockt Sky von hinten nach vorn durch ihre Beine.

Sobald Sky den Kopf durch die Beine steckt, wird das Leckerchen nach oben gezogen.

In der Position kann man den Hund sitzen lassen und belohnen. Ist er entspannt, kann man das Laufen zwischen den Beinen üben.

Um das Überbeugen zu trainieren, gehen Sie folgendermaßen vor: Stehen Sie in aufrechter Haltung vor Ihrem Hund und machen Sie ihn auf sich aufmerksam. Nehmen Sie ein Leckerchen in die Hand, die Sie vor Ihren Bauch halten. Zeigen Sie dem Hund, dass Sie etwas für ihn in der Hand halten. Nun beugen Sie sich nach vorn und geben gleichzeitig das Leckerchen frei. Wiederholen Sie diese Übung mehrmals.

Im nächsten Schritt verfahren Sie genauso, halten aber Ihre gebeugte Position etwas länger ein, bevor Sie das Leckerchen freigeben. Wiederholen Sie diese Übung mehrmals. Beim nächsten Trainingsschritt sprechen und lachen Sie den Hund an, während Sie sich überbeugen, und belohnen ihn auch aus dieser Position. Die meisten Menschen sprechen und lachen den Hund an, während Sie sich über ihn beugen. Somit haben Sie diese menschliche Verhaltensweise auch trainiert. Hier ist es sinnvoll, auch Freunde und Bekannte mit einzubeziehen, damit der Hund lernt, dieses Verhalten auch von fremden Menschen zu tolerieren.

Eine weitere Übung, um dem Hund beizubringen, dass Menschen zum Überbeugen neigen, ist folgende: Stellen Sie sich mit dem Rücken zum Hund und grätschen Sie die Beine. Beugen Sie sich nach vorn und reichen Sie dem Hund durch Ihre gegrätschten Beine ein Leckerchen nach hinten durch. Locken Sie den Hund nun mit Hilfe der Leckerchen von hinten nach vorn durch Ihre Beine. Wenn der Kopf des Hundes genau zwischen Ihren Beinen ist, ziehen Sie das Leckerchen etwas nach oben, sodass der Hund zu Ihnen aufschauen muss. Nun können Sie zusammen mit dem Hund ein paar Schritte in dieser Position gehen. Der Hund läuft nun – auf die Belohnung wartend – zwischen Ihren Beinen und lernt dabei die direkte Nähe des Menschen nicht mehr als bedrohlich einzustufen, sondern als ein für ihn lohnendes Verhalten. Kindern macht diese Übung besonders Spaß. Achten Sie aber darauf, dass dem Hund dabei nicht auf die Füße getreten wird und die Kinder sich an die Regeln halten und nicht zu wüst vorgehen, denn dann würde diese Position für den Hund mit einem negativen Erlebnis verbunden und auch die Kinder könnten bei dem Hund einen schlechten Eindruck hinterlassen.

Von oben auf den Kopf zu fassen kann man auch hervorragend mit Futter trainieren. Stellen Sie sich direkt vor den Hund, lassen Sie ihn an einem Leckerchen knabbern, das Sie in der Hand halten, und fassen Sie ihm dabei ganz beiläufig kurz auf den Kopf. Schritt für Schritt werden Sie in Ihrer Ausführung deutlicher, indem Sie mit der Hand immer weiter ausholen und deutlich von oben herab auf den Kopf fassen. Gehen Sie immer nur einen Übungsschritt weiter, wenn der Hund die vorherige Übung entspannt toleriert. Auch diese Übung können Sie mit Freunden und Bekannten durchführen. Halten Sie das Leckerchen und geben es dem Hund im richtigen Moment, während ein Helfer dem Hund beiläufig anfangs über den Kopf streichelt, später von oben auf den Kopf fasst und so weiter.

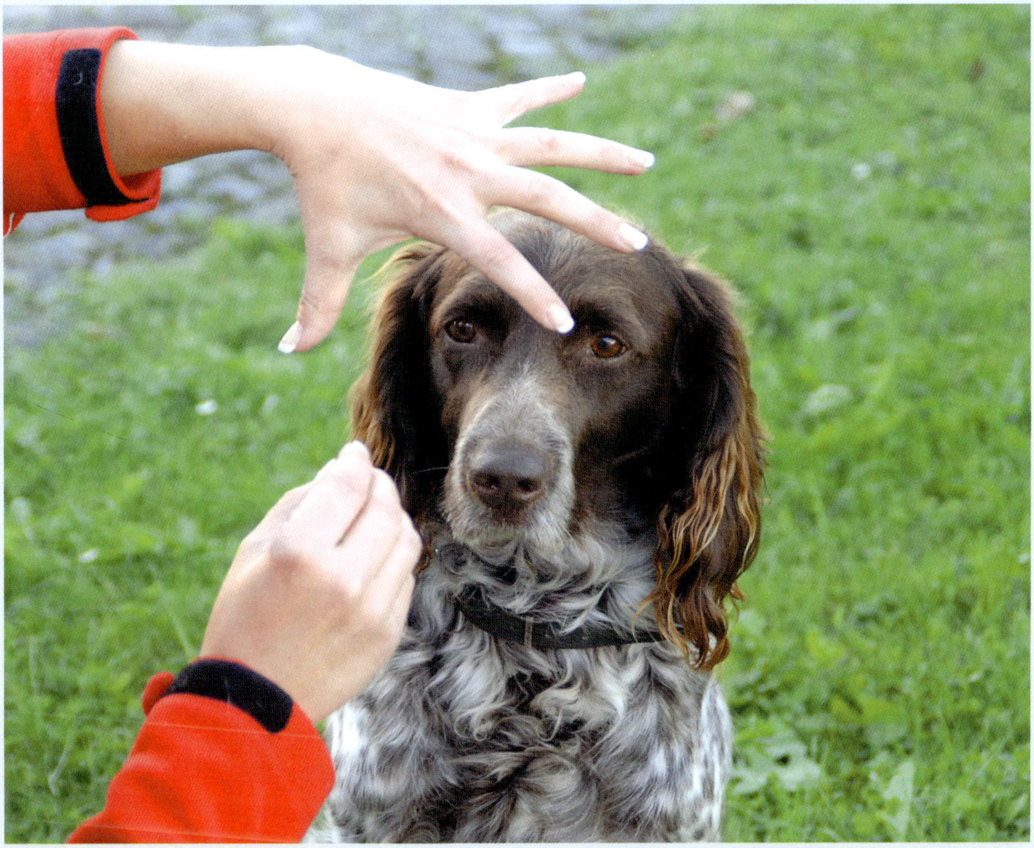

Die Hand kommt bedrohlich von oben. Durch das Belohnen im richtigen Moment kann der Hund die Verknüpfung herstellen, dass eine von oben kommende Hand immer etwas Positives ankündigt, nämlich ein gutes Leckerli.

Wenn Sie möchten, dass Ihr Hund Personen, die ängstlich erstarrt vor Ihrem Hund stehen und diesen auch noch direkt anschauen, als normal empfindet und nicht gleich verbellt, trainieren Sie Folgendes: Zeigen Sie in aufrechter Körperhaltung dem Hund einen leckeren Happen. Halten Sie diesen etwa in Brusthöhe. Zeigen Sie nun eine erstarrte, etwas ängstlich wirkende Körperhaltung, geben Sie das Hörzeichen „Sitz“ und starren Sie Ihren Hund dabei an. Verharren Sie ganz kurz und geben Sie dann dem sitzenden Hund die Belohnung. Wiederholen Sie das mehrmals. Bleiben Sie immer länger in der erstarrten Körperhaltung, während Ihr Hund sitzen muss, bevor Sie ihn belohnen. Nach und nach bauen Sie die Belohnung ab. Üben Sie zwei Durchgänge, bevor Sie Ihren Hund belohnen, beim nächsten Mal bekommt er erst nach drei Durchgängen sein Leckerchen und so weiter.

Durch das Einbauen der Sitzübung lernt Ihr Hund, dass es sich lohnt, sitzend vor Personen zu warten, die ihn anstarren und dabei steif vor

Brigitte gibt das Hörzeichen „Schau", als die Hilfsperson eine ängstliche Körpersprache nachahmt, und belohnt Kiara für das sofortige Schauen.

Angst sind. Eine andere Variante ist das Üben mit einer Hilfsperson. Hier soll Ihr Hund lernen sich zu Ihnen umzuschauen, wenn jemand angsterstarrt vor ihm steht. Trainieren Sie zunächst das Anschauen auf Kommando und benutzen das Hörzeichen dann während des Trainings. Die Hilfsperson zeigt vor dem Hund stehend eine ängstliche Körperhaltung. Genau in dem Moment geben Sie das Hörzeichen für Anschauen und belohnen den Hund. Auch hier wiederholen Sie die Übung mehrmals und beginnen dann die Belohnung nach und nach abzubauen.

In der Tierarztpraxis

Im Wartezimmer

Oft ist man nicht der Einzige, der sich im Wartezimmer die Zeit vertreibt und darauf wartet an die Reihe zu kommen. Auch im Wartezimmer können viele Stressfaktoren auftreten, aber man kann eine Menge tun, um den Stress für den Hund so gering wie möglich zu halten. Kontakt zu anderen Hunden sollte man vermeiden. Tiere, die beim Tierarzt warten, sind meistens krank und eventuell sind es Krankheiten oder Parasiten, die übertragen werden können. Dazu kommt, dass

Lenken Sie die Aufmerksamkeit im vollen Wartezimmer auf sich und beschäftigen Sie den Hund mit ruhigen Aufgaben.

die Hunde häufig Angst haben und in dieser Situation einen so nahen Kontakt zu Artgenossen nicht möchten.

Stress und Angst können schnell zu aggressiven Reaktionen führen, obwohl der Hund normalerweise ganz lieb ist. Kontakt an der Leine zu anderen, fremden Hunden sollte man ohnehin vermeiden, da einige Hunde in dieser Konfliktsituation häufig mit Aggression reagieren, während sie sich ohne Leine freundlich verhalten hätten. Viele Hundehalter schätzen das Verhalten ihres Hundes oftmals völlig falsch ein, bezeichnen dann fälschlicherweise die Unruhe und das Hecheln des Hundes als Langeweile und merken nicht, wenn der eigene Hund aggressive Mimik zeigt.

Versuchen Sie die Aufmerksamkeit Ihres Hundes im Wartezimmer auf sich zu lenken und belohnen ihn dafür, wenn er Sie anschaut oder sich neben Sie setzt. Lassen Sie Ihren Hund nicht an Käfigen mit Kleintieren und Katzen schnuppern. Auch diese Tiere haben Angst und es ist ihnen bewusst, dass sie auf der Speisekarte von Hunden stehen. Die Fluchtmöglichkeiten in einem Käfig sind gering. Auch wenn Ihr Hund mit Kleintieren sozialisiert ist, wissen das die Tiere in den Käfigen noch lange nicht und ihre Angst wird nur unnötig vergrößert. Wenn das Wartezimmer sehr voll ist oder ein anderer Hund anwesend ist, der sich sehr unruhig verhält, vielleicht permanent bellt oder Ähnliches, warten Sie einfach draußen. Melden Sie sich an und teilen Sie mit, dass Sie sich vor der Tür aufhalten. Unruhe, Angst und Panik eines anderen Hundes übertragen sich schnell auf den eigenen. Sie können auch ein mit Futter befülltes Spielzeug mit in die Praxis nehmen und den Hund während der Wartezeit damit beschäftigen lassen.

Richtiges Verhalten während der Behandlung

Sitzt der Hund dann auf dem Behandlungstisch, würde man doch als Hundehalter gern an seiner Stelle da sitzen, um ihm die Prozedur abzunehmen. Da das nicht geht, versuchen wir dem Hund durch lieben Zuspruch und Streicheln Mut zu machen. Das erfolgt aber leider immer genau im falschen Moment. Hunde verfügen nicht über ein Wortverständnis und fühlen sich durch die ruhigen, lieben Worte belohnt. Der Hundehalter streichelt und spricht immer dann mit dem Hund, wenn dieser zappelt, jammert und deutlich Angst zeigt, um ihn damit zu beruhigen und das Gefühl zu haben, etwas unternommen zu haben. Das ist menschlich, aber in diesen Momenten nicht angebracht. Man erreicht damit nur, dass sich der Hund just belohnt fühlt, also genau das Gegenteil von dem, was man bezwecken will.

Loben Sie Ihren Hund immer genau dann, wenn er gerade ruhig auf dem Tisch steht, wenn er abgelenkt ist und darüber vergisst, dass er behandelt wird. Ignorieren Sie ihn, wenn er sich schlecht benimmt. Falls die Tierarzthelferin Ihren Hund während der Behandlung hält, können Sie sich einfach umdrehen, wenn der Hund anfängt unkooperativ zu werden. So zeigen Sie ihm sehr deutlich und für ihn verständlich, dass es sich um ein unerwünschtes Verhalten handelt. Wenden Sie sich dem Hund wieder zu, wenn er sich beruhigt hat. Vermeiden Sie es, den Hund zu bestrafen, wenn er sich nicht gut benimmt, auch das führt zu Fehlverknüpfungen. Er wird die Strafe nicht mit seinem Verhalten verbinden, sondern mit der Situation, der Praxis und dem Praxisteam. Dadurch wird der Tierarztbesuch wieder zum Negativerlebnis und das Verhalten des Hundes während der Behandlung ändert sich nicht, im Gegenteil, es wird schlimmer werden.

Es gibt Hundehalter, die können es nicht sehen, wenn ihr Hund eine Spritze oder Blut abgenommen bekommt. Einige Behandlungen sind auch nicht gerade schön anzuschauen. Wenn Sie zu den zart besaiteten Menschen gehören, sollten Sie das sagen und während der Behandlung auf einem Stuhl Platz nehmen oder aus dem Fenster schauen. Ich habe schon einige Hundehalter gesehen, die dann selbst zum Patienten in der Praxis wurden, weil sie sich geschämt haben zuzugeben, dass ihnen schlecht wird, und dann in Ohnmacht gefallen sind.

Stress

Stress ist eine Reaktion des Körpers auf eine außergewöhnliche Belastung. In einer Stresssituation werden Stresshormone ausgeschüttet. Der Körper braucht bis zu drei Tage, um die Stresshormone abzubauen. Dauerhafter Stress kann das Immunsystem schwächen und das Tier ist so anfälliger für Krankheiten. Gestresste Tiere genesen langsamer. Stress kann zu aggressiven Reaktionen führen. Angst und Stress hängen sehr nah zusammen und gehen fließend ineinander über.

Hunde, die während der Behandlung großem Stress ausgesetzt sind, haben veränderte Blutwerte. Das kann eine Diagnose erschweren. Der Praxisalltag zeigt immer wieder, dass Tiere, die während der Behandlung Angst haben und Stress empfinden, wesentlich mehr Narkosemittel brauchen als gelassene Tiere. Die Hunde wehren sich gegen das Einschlafen und geraten dadurch in noch größeren Stress.

▸▸ Stress erkennt man an folgenden Symptomen:

- starkes Hecheln, obwohl der Hund keiner körperlichen Belastung ausgesetzt ist
- Unruhe
- Zittern
- Fluchtversuche
- geduckte Körperhaltung mit angelegten Ohren
- glanzloses, schuppiges Fell bei Stress über einen längeren Zeitraum
- Aufreiten
- Urin oder Kot unter sich lassen
- Beschwichtigungsgesten wie über die Nase lecken, gähnen, sich kratzen, den Kopf abwenden

Ein deutliches Zeichen für Stress, ist die Verweigerung von Futter. Gerade in der Praxissituation ist dies ein wichtiges Signal.

▸▸ Auslöser für Stress können sein:

- Ungewissheit
- Missverständnisse
- mangelndes Wohlbefinden (Schmerzen, Hunger, Durst)
- Unbekanntes
- Angst
- Misserfolge

Auch wenn man viel geübt hat, kann es sein, dass der Hund in einigen Situationen noch Stress empfindet, aber es wird deutlich weniger sein, wenn Sie gut üben.

Wichtiges zur Behandlung

Als Hundehalter kann man Einiges dazu beitragen, die Behandlungszeit und damit den Aufenthalt in der Praxis zu verkürzen. Bei ängstlichen Hunden kann man somit den Stress reduzieren. Der Tierarzt muss meistens das Gewicht des Hundes wissen, um beispielsweise die Dosierung von Medikamenten berechnen zu können. Narkosemittel und Wurmkuren werden beispielsweise nach Gewicht berechnet. Bei einer regelmäßigen Gewichtskontrolle können Sie feststellen, ob Ihr Hund zu- oder abgenommen hat. Auch das können wichtige Indikatoren bei einem erkrankten Hund sein. Wenn Sie also zu Hause eine Personenwaage haben und nicht der Besitzer einer Deutschen Dogge sind, können Sie das aktuelle Gewicht des Hundes vor dem Tierarztbesuch feststellen, indem Sie sich einmal mit und einmal ohne Hund auf die Waage stellen. Die Differenz zwischen beiden Werten ist das Gewicht des Hundes.

Wenn Ihr Hund Durchfall oder Probleme mit dem Wasserlassen hat, können Sie unaufgefordert eine Probe mitbringen. Das erspart dem Hund das Legen eines Katheters und der Tierarzt kann direkt eine umfangreiche Untersuchung durchführen. Durch einen so genannten Stick-Test kann der Tierarzt sofort einige Urinwerte bestimmen. Urin lässt sich bei Rüden und Hündinnen relativ gut mit einer alten Suppenkelle auffangen, den man einfach unter den Hund halten kann, damit der Urin nicht über die Finger läuft. Am einfachsten geht das morgens, wenn man mit dem Hund das erste Mal hinaus geht.

In der Stuhlprobe können Parasiten festgestellt werden. Der Kot hat einen sehr speziellen, intensiven Geruch, wenn es sich um einen infektiösen Durchfall handelt. Oft möchte der Tierarzt wissen, wie die Futter- und Wasseraufnahme des Tieres in den letzten Tagen war oder welches Futter der Hund bekommt. Notieren Sie sich den Namen des Futters und eventuell die auf der Verpackung angegebenen Inhaltsstoffe. Wenn Sie nicht notieren möchten, schneiden Sie die Wertetabelle einfach vom Futtersack ab. Beim Futter spielen Leckerchen und Kauartikel eine ebenso große Rolle wie ein Futterwechsel.

Beim Fressen sollte man darauf achten, ob sich die Geschwindigkeit des Napfleerens geändert hat. Frisst der Hund langsamer als sonst, könnte das ein Hinweis auf ein Zahnproblem sein. Achten Sie darauf, ob der Hund mehr oder weniger trinkt und sich sein Löseverhalten verändert hat. Manchmal muss ein Tierarzt wissen, ob der Hund seine gewohnten Liege- und Schlafplätze wechselt oder eine andere Verhaltensänderung aufgetreten ist. Im Krankheitsfall ist es sinnvoll, dass eine Person mit dem Tier in die Praxis kommt, die diese Fragen beantworten kann. Ist das nicht der Fall, muss meist erst ein Telefonat geführt werden, um diese Fragen zu klären. Das wiederum kostet Zeit, die dem Hund unnötigen Stress bereitet.

Vor einer Operation

Vor einer Operation ist der Hundehalter häufig sehr aufgeregt. Er hat Angst um sein Tier und macht sich Sorgen, ob es dem Tier nach der Operation gut geht, ob es Schmerzen hat und Ähnliches. Bei dem Stress kann es dem Hundehalter passieren, dass er plötzlich nicht mehr weiß, was er vor der Operation beachten sollte.

- Sie brauchen das aktuelle Gewicht des Hundes für die Berechnung des Narkosemittels.
- Der Hund muss nüchtern sein.
- Der Hund sollte sich vorher noch lösen können. Denken Sie daran, dass auch der Hund merkt, dass etwas nicht stimmt, und sich sein

Löseverhalten vielleicht verändert. Es könnte länger dauern als sonst. Planen Sie also mehr Zeit ein zum Gassigehen vor der Operation.

- Nehmen Sie die Hundedecke mit in die Praxis. Auf dieser kann der Hund nach der Operation aufwachen und er hat direkt einen bekannten Geruch in der Nase. Das mindert häufig die Angst.
- Denken Sie daran – vorausgesetzt es ist keine Notoperation – vorher das Halskragen- oder Maulkorbtraining durchzuführen, damit es den Hund nicht noch zusätzlich stresst.
- Üben Sie das Tragen eines T-Shirts oder Bodys.

Nach einer Operation

Der Tierarzt gibt alle wichtigen Informationen zur Nachsorge mit nach Hause. Der Hund sollte einen ruhigen, warmen Platz erhalten, wo er ausschlafen kann. Die Narkose senkt die Körpertemperatur und der Körper kann diesen Zustand nicht selbstständig regulieren. Außerdem machen verschiedene Narkosemittel geräuschempfindlich, das kann zu Panikzuständen während der Aufwachphase führen. Bedenken Sie, dass der Hund noch keine Kontrolle über seinen Kot- und Urinabsatz hat. Legen Sie etwas Waschbares und Nässeaufsaugendes unter den Liegeplatz des Hundes.

Hunde können sich während der Aufwachphase im Verhalten anders zeigen als sonst, weil sie ihren Zustand nicht verstehen. Es kann zu aggressiven Reaktionen kommen. Aggression kann auch durch Schmerzen ausgelöst werden. Fragen Sie Ihren Tierarzt, wie lange das verabreichte Schmerzmittel hält und ob es notwendig ist, ein weiteres Medikament zu geben. Befolgen Sie die Anweisungen des Tierarztes in Bezug auf die weitere Fütterung. Auch wenn der Hund bettelt und jammert, tun Sie ihm keinen Gefallen, wenn Sie ihn doch füttern und er das Futter hinterher wieder ausbricht. Erbrechen ist anstrengend und schlägt auf den Kreislauf. Außerdem kann es zur Eröffnung einer Bauchnaht führen, wenn der Hund stark würgt.

Achten Sie nach der Operation darauf, dass der Hund die Wunde nicht beleckt. Durch die Keime in der Maulhöhle des Hundes kann es zu Entzündungen kommen. Im schlimmsten Fall fängt der Hund an die Naht aufzubeißen. Dann wäre wieder eine Narkose erforderlich, um die Wunde erneut zu verschließen. Außerdem ist die Wundheilung dadurch viel schlechter. Normalerweise heilt eine Wunde binnen sieben bis zehn Tagen. Muss eine Operationsnaht erneut verschlossen werden, kann es bis zu 21 Tage und mehr dauern, bis die Wunde verheilt ist und die Fäden entfernt werden können. Das chirurgische Ergebnis ist dann ebenfalls nicht mehr sehr schön, da meistens eine verhärtete, dickere Narbe zurückbleibt, die wiederum ein Störfeld darstellt. Um das zu vermeiden sollte der Hund entweder beaufsichtigt werden oder eine Halskrause oder einen Maulkorb tragen. Ein Body oder ein T-Shirt können tagsüber den Hund vom Lecken abhalten, wenn die Familie mit Hausarbeiten beschäftigt ist und nicht jede Minute auf den Hund achten kann.

Nützliches zum Schluss

D.A.P.: Dog Appeasing Pheromone

Während der Laktationsphase, also in der Zeit, in der die Mutterhündin Milch gibt, werden beruhigende Pheromone gebildet. Diese Pheromone sollen den Welpen ein Gefühl der Sicherheit geben und beruhigen die Welpen, während sie ihre Umgebung erkunden.

Die Pheromone haben die Eigenschaft, den Welpen in jedem Zusammenhang mit Stress ein Gefühl der Sicherheit zu vermitteln.

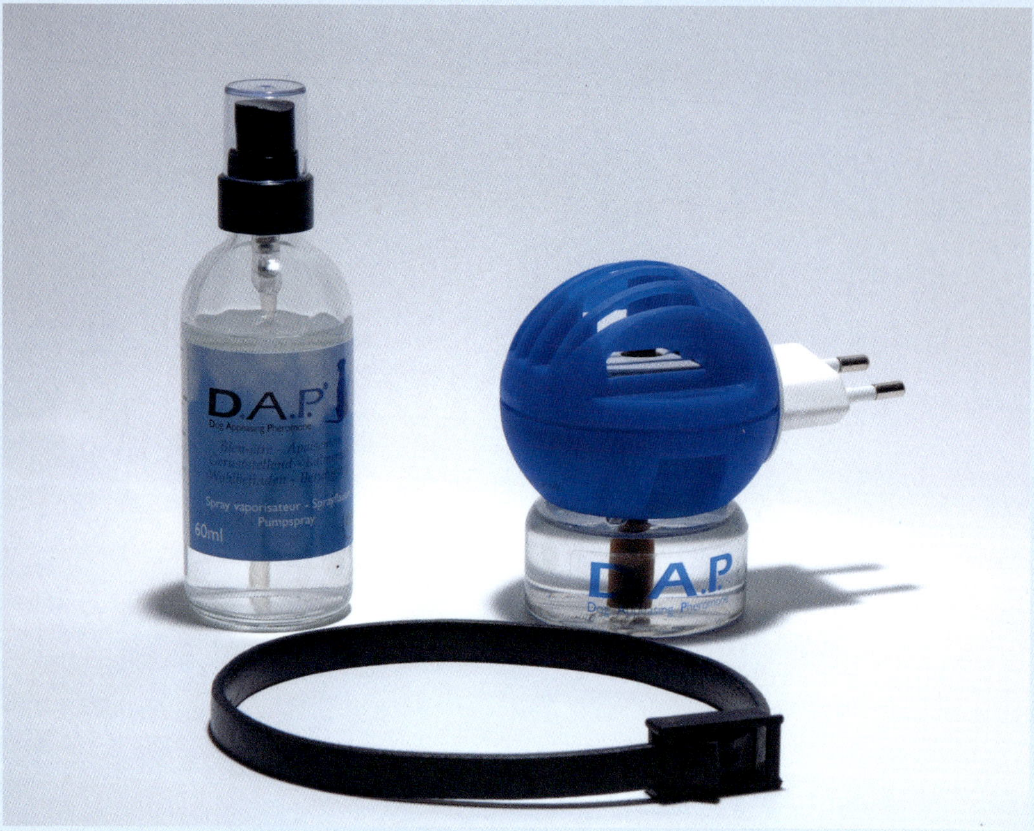

Dog Appeasing Pheromone können helfen, Stress und Angst zu lindern.

Untersuchungen haben gezeigt, dass dieses Gefühl der Sicherheit auch bei erwachsenen Hunden durch das Wahrnehmen der Pheromone ausgelöst wird. Diese Pheromone wurden nachgeahmt und sind als Zerstäuber für die Steckdose erhältlich. Der Zerstäuber sollte in zentraler Lage des Wohnraums, am besten in dem Raum, den der Hund am häufigsten nutzt, in die Steckdose gesteckt werden und reicht dann etwa vier Wochen lang für 50 bis 70 Quadratmeter. Er ist vielseitig einsetzbar und kann bei Problemen als unterstützende Maßnahme eingesetzt werden. Eine alleinige Anwendung bei Verhaltensproblemen ist aus meiner Erfahrung nicht ausreichend. Es hilft dem Hund aber, sich sicherer und wohler zu fühlen und mit Stresssituationen besser umzugehen.

D.A.P. gibt es auch als Halsband. Bei Hunden, die mit Alltagssituationen Stress haben, die sich nicht nur auf den Wohnraum beziehen, ist das Halsband sehr hilfreich, da die Pheromone dann auch unterwegs zur Verfügung stehen. Das Halsband sieht aus wie ein Floh- oder Zeckenhalsband und die Wirkzeit beträgt ebenfalls vier Wochen. D.A.P. gibt es ebenso als Spray. Ähnlich wie das Halsband ist das Spray auch mobil einsetzbar. Das Spray muss 15 Minuten vor der gewünschten Wirkung eingesetzt werden und hält etwa eineinhalb bis zwei Stunden.

Anwendungsmöglichkeiten:

- Trennungsangst
- Zerstörungswut
- Vokalisieren
- Unsauberkeit
- häufige Nervosität
- vor und nach einer Operation
- vor und nach einem Umzug
- Besitzerwechsel
- Trennungen der Welpen von der Mutter und umgekehrt
- vor und nach Tierarztbesuchen
- exzessives Lecken

T-Shirt oder Body tragen

Viele Hunde haben nach einer Operation weniger Stress, wenn sie statt einer Halskrause einfach ein T-Shirt oder einen Body tragen können. Es eignet sich zumindest dann gut, wenn der Hund am Tag beaufsichtigt ist. Über Nacht, wenn

Socke ist noch unerfahren, weil er noch nicht operiert wurde, aber es schadet nicht, das Tragen eines T-Shirts zu üben.

man nicht richtig auf den Hund aufpassen kann, ist es sicher besser, dem Hund die Halskrause anzulegen. Hunde, die kein Halskrausen-Training gemacht haben, schlafen oft gar nicht und sitzen die ganze Nacht da, weil sie sich nicht trauen sich hinzulegen. Ein Training kann Halter und Hund eine ruhigere Zeit nach der Operation verschaffen.

Kastration und Sterilisation

In Hundehalterkreisen ist der Irrglaube immer noch verbreitet, dass man Rüden kastriert und Hündinnen sterilisiert. Der Unterschied zwischen diesen Begriffen liegt aber einzig und allein in der Art der Operation, nicht am Geschlecht des Hundes.

Kastriert man einen Rüden, werden die Hoden entfernt. Bei der Sterilisation verbleiben die Hoden, lediglich die Samenleiter werden unterbunden. Die Produktion von männlichen Geschlechtshormonen bleibt erhalten. Möchte man hormonell gesteuertes Verhalten (zum Beispiel Hypersexualität) oder hormonell bedingtes Aggressionsverhalten in den Griff bekommen, bleibt einem nur die Kastration des Rüden. Eine Sterilisation würde hier nicht helfen.

Kastriert man eine Hündin, werden die Eierstöcke entfernt. Bei der Sterilisation werden die Eileiter unterbunden. Bei der Sterilisation werden genau wie beim Rüden weiterhin Hormone gebildet. Außerdem gibt es bei der Hündin noch die so genannten Ovariohysterektomie. Hierbei werden die Gebärmutter und die Eierstöcke entfernt. Das ist die am häufigsten durchgeführte Operation bei Hündinnen.

Bezugsquellen

Squeeze-Tuben
Outdoorbedarf
www.dogteacher.de

Rutschfeste Matten
Autozubehör, große Warenhäuser, Kleinmetall

Zoom Groom Bürste
www.dogteacher.de

Halskrause
Haustierarzt

Katzen-Malzpasten
Zoohandel, Haustierarzt

Gittermaulkörbe
Zoohandel
www.dogteacher.de

Krallenschere
Zoohandel, Haustierarzt

Nagelfeile
Nagelstudio, Kaufhäuser, Drogeriemärkte

Zahnspüllösung
Haustierarzt, Fachhandel

Zahnpflegespielzeuge
www.dogteacher.de, Zoofachhandel

Fieberthermometer, Schutzhüllen für Thermometer
Haustierarzt, Apotheke

Zeckenzange
Haustierarzt, Fachhandel

Kochsalzlösung
Haustierarzt, Optiker, Apotheke

Kleine Tropffläschchen
Haustierarzt, Apotheke
Troja Snack
Bestellservice@vetona.de
www.dogteacher.de

Hundeschuh
Zoofachgeschäft

D.A.P. Produkte
Haustierarzt

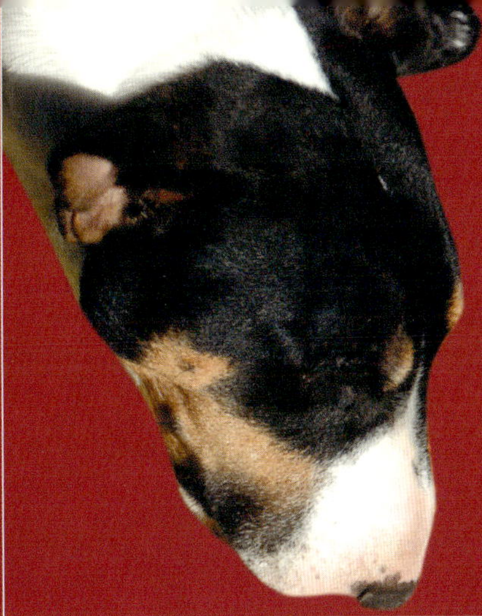

Danksagung

An dieser Stelle möchte ich einigen Menschen, die mir immer wieder Mut gemacht haben, weiter an diesem Buch zu schreiben, danken. Oft hat mich das Selbstbewusstsein im Stich gelassen, wenn ich mal wieder nicht die richtigen Worte gefunden habe. An anderen Tagen schossen mir die Wörter und Ideen nur so durch den Kopf, dass ich gar nicht schnell genug schreiben konnte.

Ein besonderer Dank gilt meiner am 19. März 2004 verstorbenen Bullterrierhündin Hasna, die mir immer ein treuer Begleiter und guter Lehrer war. Sie begleitete mich tagein, tagaus in die Tierarztpraxis. Sie ließ sich vorbildlich behandeln und das aus freien Stücken, ohne ein spezielles Training. Eingeschläfert worden ist sie jedoch in ihrem Zuhause und nicht in der Praxis.

Ein weiterer besonderer Dank gilt Claudia Schürmann, Kopf des Tierschutzvereins Bullterrier in Not e. V. Ich danke ihr für meinen Bullterrier Boogie, den ich im September 2003 vom Tierschutzverein Bullterrier in Not e. V. übernommen habe: ein Hund, den seine Menschen im Stich gelassen haben. Eine so liebe und treue Seele wird man sowohl bei Menschen als auch im Tierreich eher selten finden. Vielen Dank Claudia, für diesen tollen Hund.

Außerdem danke ich allen Menschen mit ihren Hunden, die zum Entstehen dieses Buches beigetragen haben, und besonders denen, die den Mut gefunden haben, sich mit ihren Hunden vor die Kamera zu stellen.

Danke auch an alle meine Kunden, die mich mit ihren Fragen immer wieder auf neue Ideen gebracht haben, die ich dann als kleines Thema in diesem Buch niederschreiben konnte.

Zum Weiterlesen

Abrantes, Roger:
Hundeverhalten von A-Z
Kosmos Verlag

Appleby, David:
Ain´t Misbehavin
Broadcast Books

del Amo, Celina:
Hundeschule Step by Step
Ulmer Verlag

Donalson, Jean:
Hunde sind anders
Kosmos Verlag

Jones, Renate:
Aggressionsverhalten bei Hunden
Kosmos Verlag

Laser, Birgit:
Clickertraining
Cadmos Verlag

Laser, Birgit:
Clickertraining für den Familienhund
Cadmos Verlag

Laser Birgit:
Obedience für Einsteiger
Cadmos Verlag

Lehari, Gabriele:
Das Welpen-Handbuch
Cadmos Verlag

Pryor, Karen:
Positiv bestärken – sanft erziehen
Kosmos Verlag

Rauth-Widmann, Brigitte:
Die Sinne des Hundes
Cadmos Verlag

Reid, Pamela J.:
Excel Erated Learning

Sondermann, Christina:
Das große Spielebuch für Hunde
Cadmos Verlag

Theby, Viviane:
Hundeschule
Kosmos Verlag

Theby, Viviane:
Das Kosmos Welpenbuch
Kosmos Verlag

Nützliche Adressen

Berufsverband der Hundeerzieher/innen und Verhaltensberater/innen (BHV)
Aussiedlerhof Reiterhohl
D-65817 Eppstein
Tel.: 06198 501371
Fax: 06198 501373
www.bhv-net.de

Gesellschaft für Tierverhaltenstherapie (GTVT)
c/o Dr. U. Bonengel
Am Kellerberg 18a
D-84175 Gerzen
Tel.: 08744 1750
dr.u.bonengel@ngi.de
www.gtvt.de

Bullterrier in Not e. V.
Claudia Schürmann
Bielefelder Straße 291
32051 Herford
Tel.: 05221 3939
www.bullterrier-in-not.de

Stiftung für das Wohl des Hundes
c/o Dr. Zähner
Gugelmattstraße 36
CH-8967 Wieden
Tel.: 0041 56631 808106
www.certodog.ch